国家"双高计划"高水平专业群建设成果系列教材◆物联网应用技术专业

窄带物联网通信技术

宋 磊 主编

电子工业出版社·

Publishing House of Electronics Industry

北京·BEIJING

内 容 简 介

本书以窄带物联网（NB-IoT）通信技术为载体，采用"理论—实践—理论"的教学方式，讲解了 NB-IoT 的相关知识及其在物联网中的重要作用。本书主要分为理论介绍、项目实践两部分。理论介绍部分为第 1～6 章，介绍了物联网技术基础、NB-IoT 体系结构，并对 NB-IoT 体系结构中的每个节点进行了技术解析；项目实践部分为第 7 章。本书由浅入深，从 NB-IoT 通信技术到 LiteOS 应用开发基础，使学生能够掌握 NB-IoT 开发的基础知识，带领学生体会 NB-IoT 的产品开发过程。

本书可作为高等职业教育物联网工程技术专业、物联网应用技术专业的教材，也可作为具有一定物联网应用开发基础的开发者参考书，还可作为广大 NB-IoT 爱好者的自学用书。

图书在版编目（CIP）数据

窄带物联网通信技术 / 宋磊主编. —北京：电子工业出版社，2023.12

ISBN 978-7-121-46864-3

Ⅰ. ①窄… Ⅱ. ①宋… Ⅲ. ①物联网－通信技术－研究 Ⅳ. ①TP393.4 ②TP18

中国国家版本馆 CIP 数据核字（2023）第 244053 号

责任编辑：康　静
印　　刷：河北鑫兆源印刷有限公司
装　　订：河北鑫兆源印刷有限公司
出版发行：电子工业出版社
　　　　　北京市海淀区万寿路 173 信箱　　　邮编：100036
开　　本：787×1092　　1/16　　印张：11　　字数：304 千字
版　　次：2023 年 12 月第 1 版
印　　次：2023 年 12 月第 1 次印刷
定　　价：49.00 元

凡所购买电子工业出版社图书有缺损问题，请向购买书店调换。若书店售缺，请与本社发行部联系，联系及邮购电话：（010）88254888，88258888。

质量投诉请发邮件至 zlts@phei.com.cn，盗版侵权举报请发邮件至 dbqq@phei.com.cn。

本书咨询联系方式：010-88254609，hzh@phei.com.cn。

前言

5G 实现了网络性能的新飞跃，开启了万物互联的新时代，5G 应用在物联网的通信方面开启了新篇章。近年来，物联网应用发展迅速，已覆盖生产领域、消费领域等多个应用场景，未来以智慧城市、智能家居等为代表的典型应用场景将与 5G 深度融合，物联网发展将驶入快车道。2016 年 6 月，3GPP 组织完成了 Rel-13 版本的 NB-IoT 核心标准的制定，形成了面向低功耗、广覆盖通信技术的全球统一标准，为移动物联网标准的推广和应用奠定了基础，拓展和促进了物联网的部署和应用。2019 年，3GPP 组织将 NB-IoT 纳入 5G 候选技术集合，并将其作为 5G 技术的组成部分提交至国际电信联盟（ITU）。近年来，NB-IoT 迅速成为产业界关注的焦点，并在短时间内发挥出从芯片、模组、无线、核心网到物联网平台的端到端产业链能力。NB-IoT 能够全面满足各种物联网应用的覆盖需求、业务传输需求及海量连接需求。通信产业界以此为契机，联合传统行业不断推出各种新型应用，如智能电网、智慧停车、智能交通运输/物流、智慧能源管理系统、水质监测等，涉及智慧城市、智慧家庭等众多垂直领域，快速推动了传统行业的升级改造，也给人们的日常生活带来了极大的便利。在 2019 年 7 月的 ITU 会议上，NB-IoT 被正式采纳为 5G 候选技术方案，以满足 5G 时代海量机器连接场景的技术需求。

2021 年 3 月，教育部印发了《职业教育专业目录（2021 年）》，预示着职业教育要服务于当前社会、顺应国家重点产业发展。现有的基于 NB-IoT 通信技术的书籍基本都是高等教育的科普类或者专业类书籍，基于高等职业教育的 NB-IoT 通信技术的书籍极少，尤其缺少为职业教育的物联网工程技术专业、物联网应用技术专业编写的书籍，加之这两个专业迎来了全新的变革，本书编者为了能更加贴近当下物联网的发展需求，以及打造新型的职业教育物联网工程技术专业、物联网应用技术专业的课程，特别编写了本书。

本书具有以下特点。

（1）以 5G 中的 NB-IoT 通信技术为主线，深化理论联系实际的教学原则。

本书力求知识教学与生产实际的紧密结合。本书项目均来源于华为 5G 通信技术中的 NB-IoT 应用开发案例，本书内容包括理论知识、操作技能及学习评价等方面，有利于激发学生的学习兴趣。同时，本书并不过分强调知识的系统性，而更加注重如何完整地完成 5G 技术应用中的实际任务，以及培养学生的相关职业能力。

（2）对接职业标准和岗位能力要求，着力体现"职业"二字。

①职业技能的培养。本书内容以"以服务为宗旨，以就业为导向"为指导方针，有针对性地培养学生的职业技能。

②职业素养的培养。本书的实验、实训任务都有调试、检查和评价环节，项目设置着重体现对学生创新精神的培养，注重学生对学习过程及学习方法的理解和掌握，着重培养学生的应用能力，有利于激发学生的学习兴趣和学习动机，注重学生职业道德和职业意识的养成，从而提高学

生的职业能力和综合素质。

（3）以深入浅出为原则，符合高等职业教育的认知规律。

本书的项目安排是从初学者的学习基础和认知特点出发，由基础知识过渡到综合实训项目，将一系列知识点应用、分解到任务中，循序渐进，梯度明晰。

目　录

第 1 章

物联网技术基础

本章内容简介

物联网与互联网仅一字之差，不同的专家学者对此有不同的理解，有共识也有争论。本章讨论了物联网的起源与发展、核心技术、主要特点及应用前景，为学生勾画出了一个具有鲜明特征的物联网时代。本章系统地阐述了物联网的层次结构和功能划分，提出了物联网四层体系结构模型，在强调基本理念的基础上，也注意辨析相近概念，避免学生在认识上出现误区。通过对本章的学习，学生能够对物联网有一个全局认识，并能够产生探索物联网世界的兴趣。

NB-IoT 通信技术的诞生并非偶然，它寄托着全球智能产业链对移动物联网市场的期盼。NB-IoT 通信技术、远程无线电（LoRa）通信技术及其他低功耗广域网（LPWAN）通信技术遍地开花，标志着物联网时代的正式到来。

本章主要介绍物联网技术基础，包括物联网概述、蜂窝物联网（CIoT）通信技术、LPWAN 通信技术、NB-IoT 通信技术概述和 LoRa 通信技术概述等。

课程目标

知识目标	（1）熟悉物联网的前世今生 （2）熟悉 NB-IoT 通信技术的应用发展 （3）了解 LoRa 通信技术的应用场景
技能目标	（1）能够描述 NB-IoT 通信技术的一般应用场景 （2）能够分析物联网的结构分布
素质目标	通过自主查阅资料，了解物联网技术的基础知识，提高辩证唯物主义的思维能力
思政目标	学习华为精神，坚定科技强国、技能强身的学习信念
重难点	重点：NB-IoT 通信技术的特点及应用 难点：NB-IoT 通信技术的特点
学习方法	自主查阅、类比学习、头脑风暴

1.1　物联网概述

万物互联的通信网络深刻改变了人们的生产和生活方式。从早期的电子邮件到超文本标记语言（Hyper Text Markup Language，HTML）和万维网（World Wide Web，简称 WWW 或 Web）技术引发的信息爆炸，再到如今多媒体数据的丰富展现，互联网已不仅是一项通信技术，更成就了人类历史上最庞大的信息世界。

物联网概述

这个信息世界有多大？根据国际数据公司（International Data Corporation，IDC）发布的《数字宇宙研究报告》，2011 年全球数据总量已经达到了 1.8ZB，其中 75%来自个人，并预计 2020 年会达到 35ZB。作为对比，《四库全书》共有 7.9 万卷，3.6 万册，约 8 亿字，全文本大约为 1.6GB。互联网上的各种应用，或者说以互联网为代表的计算模式，毫无悬念地开创了大数据时代，把人们吸引到浩瀚的信息空间中。有人说，计算机行业要转变观念，变为信息行业。

21 世纪以来，随着感知识别技术的快速发展，信息从传统的人工生成的单通道模式转变为人工生成和自动生成的双通道模式。以传感器和智能识别终端为代表的信息自动生成设备可以实时、准确地感知、测量和监控物理世界。据估计，2015 年，全球射频识别（Radio Frequency IDentification，RFID）技术的市场规模达到了 101 亿美元，全球共售出 89 亿个 RFID 标签。2010 年，世界上大约有 50 亿个具有通信能力的微处理器和微控制器，英特尔公司曾预测这个数字在 2015 年会增加至 150 亿，爱立信公司则预测这个数字在 2020 年会增加至 500 亿。由以上预测可知，低成本芯片制造使得网络终端数激增，而网络技术使得利用物理世界的信息变为可能。与此同时，互联网的"触角"（网络终端和接入技术）不断延伸，深入人们生产和生活的各个方面。除传统的个人计算机外，各类网络终端层出不穷，智能手机、个人数字助理（Personal Digital Assistant，PDA）、多媒体播放器、笔记本电脑等迅速普及。据中国互联网络信息中心统计，截至 2016 年 6 月，我国网民规模达 7.10 亿，互联网普及率达到 51.7%，而手机是主要的上网设备，我国手机网民规模达 6.56 亿，占网民总体规模的 92%以上。2016 年上半年，新增手机网民中就有 2355 万人是由原有个人计算机网民转化而来的，互联网随身化、便携化的趋势进一步显现。

物理世界的连网需求和信息世界的扩展需求催生出了一类新型网络——物联网。在物联网的最初构想中，物品通过 RFID 等信息传感设备与互联网连接，从而实现智能化识别和管理。换言之，物联网通过将物理世界信息化、网络化，实现了传统上分离的物理世界和信息世界的互联和整合。物联网的核心在于物与物之间广泛而普遍的互联，这一概念已超越了传统互联网的应用范畴，并使物联网呈现出设备多样、多网融合、感控结合等特征。

目前，物联网还没有一个精确且公认的定义，主要原因：①物联网的理论体系还没有完全建立，人们对其认识还不够深入，还不能透过现象看本质；②由于物联网与互联网、移动通信网、传感网等都有密切关系，不同领域的物联网研究的出发点和落脚点各异，短期内还没达成共识。通过比较、分析物联网与传感网、互联网、泛在网等相关网络，我们认为物联网是一个基于互联网、传统电信网等信息承载体而使所有能够被独立寻址的普通物理对象组成互联互通的网络，具有普通对象设备化、自治终端互联化和普适服务智能化三个重要特征。

在物联网时代，每个物体均可寻址、均可通信、均可控制。万物互联的世界如图 1-1-1 所示。

国际电信联盟（ITU）在 2005 年的一份报告中曾描绘物联网时代的图景：当司机出现操作失误时，汽车会自动报警；公文包会"提醒"主人忘带了什么东西；衣服会"告诉"洗衣机对颜色和水温的要求等。毫无疑问，物联网时代的到来使人们的日常生活发生翻天覆地的变化。

图 1-1-1　万物互联的世界

物联网理念最早出现于 1995 年比尔·盖茨的书籍《未来之路》中，如图 1-1-2 所示。在该书中，比尔·盖茨提到了物物互联，只是当时受限于无线网络、硬件及传感设备的发展，并未引起重视。1998 年，美国麻省理工学院创造性地提出了当时被称作电子产品代码（EPC）系统的物联网构想。

图 1-1-2　比尔·盖茨和《未来之路》

1999 年，美国麻省理工学院的自动识别中心在物品编码、无线 RFID 技术和互联网的基础上提出了物联网的概念。

物联网的基本思想出现于 20 世纪 90 年代，但近年来才真正引起人们的关注。2005 年 11 月 17 日，在信息社会世界峰会上，ITU 发布了《ITU 互联网报告 2005：物联网》。该报告指出，无所不在的"物联网"通信时代即将到来，世界上所有的物体，从轮胎到牙刷，从房屋到纸巾，都可以通过互联网主动交换。RFID 技术、传感器技术、纳米技术、智能嵌入技术将得到更加广泛的应用。2009 年 1 月 28 日，IBM 公司首席执行官彭明盛首次提出"智慧地球"这一概念，建议政府投资新一代的智慧型基础设施，当时的美国政府对此给予了积极的回应，开始全力发展物联网。2009 年，欧盟委员会发表了题为"Internet of Things——An Action Plan for Europe"的物联网行动方案，描绘了物联网技术的应用前景，并提出了要加强对物联网的管理，完善隐私和个人数据保护，提高物联网的可信度，推广标准化，建立开放式的创新环境，以及推广物联网应用等行动建议。韩国放送通信委员会于 2009 年出台了《物联网基础设施构建基本规划》。同年，日本 IT 战略本部制定了日本新一代的信息化战略"i-Japan 战略 2015"，该战略旨在使数字信息技术如同空气和水一般融入每个角落，聚焦电子政务、医疗保健和教育人才三大核心领域，激活产业和地域的活性并培育新产业，以及整顿数字化基础设施。

随着现代通信技术的不断发展，我国政府也高度重视物联网的研究和发展。2009 年 8 月 7 日，时任国务院总理温家宝在无锡视察时发表重要讲话，提出"感知中国"中心，表示我国要抓住机遇，大力发展物联网技术。2012 年，工业和信息化部、科学技术部、住房和城乡建设部再次加大了支持物联网和智慧城市的力度。我国政府在《中华人民共和国国民经济和社会发展第十二个五

《年规划纲要》中明确指出，要推动物联网关键技术研发和在重点领域的应用示范。

物联网形式多样、技术复杂、覆盖范围大。根据信息生成、传输、处理和应用的原则，可以将物联网分为四层，图 1-1-3 所示为物联网的结构，第一层是感知识别层，感知识别是物联网的核心技术，也是连接物理世界和信息世界的纽带。近些年来，各类电子产品层出不穷并迅速普及，包括智能手机、人工智能（AI）音箱、智能家居等。人们可以随时随地连入互联网来分享各种信息。信息生成方式多样化是物联网区别于其他网络的重要特征。

图 1-1-3   物联网的结构

第二层是网络构建层，这层的主要作用是把下层数据接入互联网，供上层服务使用。互联网及下一代互联网是物联网的核心网络，处在边缘的各种无线网络则提供随时随地的网络接入服务。随着物联网的蓬勃发展，一些新兴的无线接入技术，如 60GHz 毫米波通信、可见光通信、LPWAN 通信技术等也开始登上历史舞台。不同类型的网络适用于不同的环境，可以提供便捷的网络接入，是实现物物互联的重要基础设施。

第三层是管理服务层，在高性能计算和海量存储技术的支撑下，管理服务层将大规模数据高效、可靠地组织起来，为上层行业应用提供智能的支持平台。

最后一层是综合应用层。互联网从最初用于实现计算机间的通信，进而发展到连接以人为主体的用户，现在正朝着物物互联这一目标前进。伴随着这一进程，网络应用也发生了翻天覆地的变化。物联网各层之间既相对独立，又紧密联系。在综合应用层以下，同一层上的不同技术互为补充，适用于不同场景，构成该层次技术的全套应对策略。不同层根据应用需求提供各种技术的配置和组合，构成完整解决方案。总而言之，技术的选择应以应用为导向，根据具体的需求，选择合适的感知技术、连网技术和信息处理技术。

物联网具有以下几个特点：在网络终端层面上，具有网络终端规模化、感知识别普适化的特点；在通信层面上，具有异构设备互联化的特点；在数据层面上，具有管理智能化的特点；在应用层面上，具有应用服务链条化的特点。物联网是信息技术发展到特定阶段的产物，是应运而生的，这里的"运"指的是更广泛的互联互通、更透彻的感知及更深入的智能。物联网可以广泛应用于经济社会发展的各个领域，引导和带动生产力、生产方式和生活方式的深刻变革，成为经济社会绿色、智能、可持续发展的关键基础和重要引擎。例如，物联网应用于农业生产、管理和农产品加工，打造信息化农业产业链，从而实现农业的现代化。物联网的工业应用可以持续提升工业控制能力与管理水平，实现柔性制造、绿色制造、智能制造和精益生产，推动工业转型升级。物联网还可以应用于零售、物流、金融等服务业，极大地促进服务产品、服务模式和产业形态的创新和现代化，成为服务业发展创新和现代化升级的强大动力。总之，万物互联互通的时代已经到来，让我们携手进入物联网时代。

1.2　CIoT 通信技术

从 1991 年全球移动通信系统·（GSM）第一次完成部署开始，移动通信产业一直在稳步发展，带宽和网络速度不断增加，直至 2014 年，在巴塞罗那举办的世界移动通信大会正式公布了 5G。在此过程中，M2M 通信随着移动通信产业的发展而茁壮成长。在大规模连接上，由于需要连接的物联网设备太多，如果用现有的长期演进（LTE）网络去连接海量设备，则会导致网络过载，即使传输的数据量很小，信令流量也会令网络过载。

从 2015 年开始，移动通信行业内部普遍认同一个观点，即 LTE 技术并不适合物联网的行业应用，具有带宽需求大、流量开销大、LTE 芯片成本高、流量服务成本高等缺点。另外，由于 4G 网络具备比 2G 网络、3G 网络更好的通信效果和运营效率，加之消费者对视频通话的诉求越来越高，因此运营商正在考虑重新分配 2G、3G、4G 的频谱问题。

移动通信产业已经产生了巨大的分支，物联网从根本上不可逆转地改变了移动通信的现状，同时产业链对技术演进和商业模式的创新要求也越来越高。物联网通信技术有很多种，根据传输距离可以分为两类：一类是短距离无线通信技术，代表技术有 Wi-Fi、蓝牙、ZigBee、Z-Wave 等，物联网通信技术分类如图 1-2-1 所示；另一类是广域网通信技术，包括 GSM、通用移动通信业务（UMTS）、LTE 等较成熟的蜂窝网络通信技术，以及各种各样的 LPWAN 通信技术。LPWAN 通信技术又分为两类：一类是工作在非授权频谱上的技术，包括 LoRa、Sigfox 等；另一类是工作在授权频谱上的技术，包括 3GPP 组织定义的 NB-IoT、增强型机器通信（eMTC）国际标准。

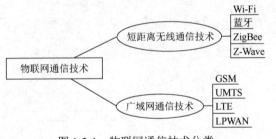

蜂窝物联网
概述

图 1-2-1　物联网通信技术分类

3GPP 组织成立于 1998 年 12 月，多个电信标准组织伙伴签署了《第三代伙伴计划协议》。3GPP 组织最初的工作范围是为第三代移动通信系统制定全球适用的技术规范。在 3GPP 组织结构中，最上层是项目协调组（PCG），由欧洲电信标准化协会、日本电信技术委员会、日本无线工业及商贸联合会、韩国电信技术协会、中国通信标准化协会等组成，并对技术规范组（TSG）进行管理和协调。图 1-2-2 所示为蜂窝移动通信技术。

目前，3GPP 组织是最大的国际化标准组织。3GPP 组织是成员驱动型组织，它依靠各成员根据市场需要和技术发展情况提供一些无线通信标准提案，通过协作式的贡献，形成无线通信技术的国际标准。图 1-2-3 所示为 3GPP 组织结构，日常生活中使用的蜂窝网络是一种移动通信架构，主要由移动终端（MT）、基站系统、网络系统组成。基站系统包括移动基站、无线收发设备、专用网络、无线数字设备等。基站系统可以被看作无线网络与有线网络之间的转换器。像汽车行驶需要道路一样，人们使用的所有无线通信技术都需要占用一定的频谱带宽。

由于有商用价值的无线频谱稀缺且具有排他性，因此需要合理地规划和使用。在通常情况下，各国或各地区的无线频谱都受到无线电管理委员会等的管理，可以认为无线频谱是政府管控的一种战略资源。授权频谱是各国政府授权使用的收费频谱，非授权频谱是在符合无线电管理委员会的要求下免费使用的频谱。第二代蜂窝移动通信系统涉及 GSM 和 CDMA（码分多址）两种通信技术。

GSM 经过演进可以支持 GPRS 数据传输。第三代蜂窝移动通信系统是 UMTS，常见的通信技术有 WCDMA（宽带码分多址）、CDMA2000、TD-CDMA（时分码分多址）。第四代蜂窝移动通信系统的通信技术有 LTE-Advanced 和 LTE-Advanced Pro，LTE 系统分为 FDD（频分双工）LTE 系统和 TDD（时分双工）LTE 系统。FDD LTE 系统的上行和下行链路采用成对的频段，分别用于接收数据和发送数据，TDD LTE 系统的上行和下行链路则采用相同的频段在不同的时隙上接收数据和发送数据。在接入网侧，NB-IoT 在 3GPP 中的代表术语是 LTE Cat-NB1。eMTC 在 3GPP 中的代表术语是 LTE Cat-M1。在核心网侧，CIoT 是 3GPP 组织定义的物联网标准。根据 3GPP 组织对物联网业务模型的研究，CIoT 业务模型和传统 LTE 系统的业务差别很大，为了更好地支持 CIoT 业务，对系统架构也做了增强和改进。NB-IoT 是一种全新的、基于蜂窝网络的通信技术，由 3GPP 组织定义，于 2016 年 6 月正式成为 3GPP 国际标准，可在全球范围内广泛部署，聚焦于 LPWAN，基于授权频谱运营，可直接部署于 LTE 网络，具备较低的部署成本和平滑升级能力。

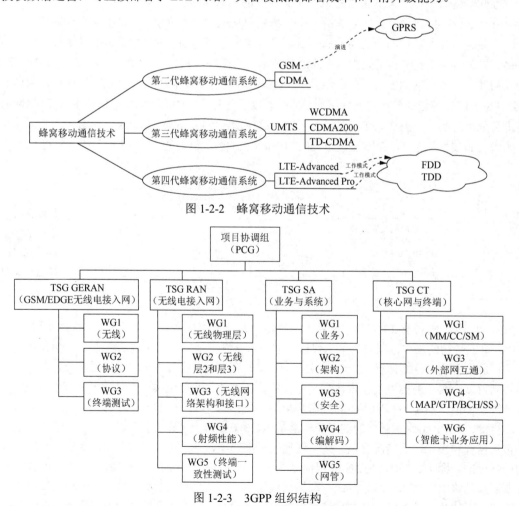

图 1-2-2 蜂窝移动通信技术

图 1-2-3 3GPP 组织结构

NB-IoT 通信技术（见图 1-2-4）是 3GPP Rel-13 阶段 LTE 网络的一项重要增强技术，它工作于授权频谱，是运营商级的物联网低功耗、广覆盖标准，主要解决物联网"最后一公里"的通信问题。

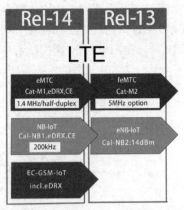

图 1-2-4　NB-IoT 通信技术

NB-IoT 通信技术已经引起了通信产业链的广泛关注，并成为运营商角逐物联网市场的关键武器。由于物联网应用场景的移动化，蜂窝网络所承担的物联网连接比例也将逐步提升。在物联网应用快速发展的过程中，运营商面临着前所未有的大连接机遇，但同时面临着能否抓住机遇实现业务快速发展的挑战。

1.3　LPWAN 通信技术

LPWAN 通信技术是面向物联网中远距离和低功耗的通信需求而演变出的一种物联网通信技术。LPWAN 通信技术具有传输距离远、节点功耗低、结构简单、运行维护成本低等特点。LPWAN 通信技术的出现填补了现有无线通信技术的空白，为物联网向更大规模发展奠定了坚实的基础。如今，物联网领域的无线通信技术选择之多已经超乎想象。在一个平台上，不仅网络设备高速增加，对电池寿命和数据传输速率也提出了更高的要求，于是 LPWAN 通信技术

低功耗广域网
技术

被视为达到上述要求的核心要素。LPWAN 领域相继出现了 LoRa、Sigfox 和 Ingenu 等技术，并且已经有了很好的发展蓝图，它们致力于在公共事业领域建立一套全球可用的基于免授权频谱的标准，但是这些技术的普及也面临着 CIoT、通信技术的挑战，使这场本就很激烈的竞争变得更加激烈。物联网的世界不可能仅有一个标准，多种短距离与长距离通信技术共存是最合理和最能解决问题的手段。物联网应用需要考虑许多因素，如节点成本、网络成本、电池寿命、数据传输速率、移动性、网络覆盖范围和部署类型等，几乎没有一种技术可以满足物联网所有应用场景的需求。无线通信技术划分如图 1-3-1 所示。

根据物联网垂直应用领域的发展需求，全球各大运营商倾向于支持 3GPP 组织提出的 NB-IoT 通信技术，由于其使用授权频谱，并且可以在现有的蜂窝网络上快速部署，对运营商而言可以节省部署成本和快速整合现有的 LTE 网络，是全球大多数运营商的中意之选，具有广阔的商业价值。LPWAN 通信技术的发展使运营商、产品制造商、服务提供商等看到了新的发展机会，它们纷纷搭建平台、连接产品、拓展应用，试图在新的物联网应用领域先人一步赢得商机。参与 LPWAN 市场的六大实体包括移动网络运营商、非移动网络运营商、系统集成商、大型工业区和园区、产

品制造商、传感器设备制造商。物联网的消费模式和手机不一样，消费者愿意为手机支付更多的费用，同时希望在价格不变的情况下得到更多的数据，互联网是数据来源。而物联网的消费者只需要很少量的数据，同时每个数据的价值非常高，因此商业模式必须保证系统投入和持续运营可以得到商业回报。影响企业决策的因素涉及物联网应用接入平台、平台解决方案、技术集成、物联网安全等多方面，所以对一些企业来说，相较于选择何种 LPWAN 通信技术，采用何种物联网解决方案反而更具挑战性。下面介绍常见的 LPWAN 通信技术（见图 1-3-2）。

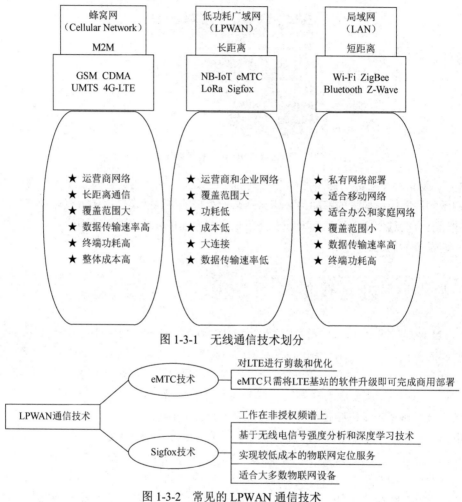

图 1-3-1　无线通信技术划分

图 1-3-2　常见的 LPWAN 通信技术

第一种 LPWAN 通信技术是 eMTC 技术，它通过对 LTE 协议进行裁剪和优化以适应中低速物联网业务的需求，传输带宽是 1.4MHz。由于 eMTC 的基础设施是现成的，大部分 LTE 基站可以升级为支持 eMTC 的基站，因此对运营商部署来说是没有障碍的，关键问题是如何降低芯片成本、用户终端成本和产业链使用成本。相对 NB-IoT 而言，eMTC 只需将 LTE 基站的软件升级即可完成商用部署。虽然，NB-IoT 在网络侧可实现大部分的复用，包括天线、远端射频模块（RRU）、室内基带处理单元（BBU）等，但商用准备的工作量还是大于 eMTC。虽然在 3GPP 组织的设想中，eMTC 和 NB-IoT 可以相互补充，但是二者之间的界限并不十分清晰，NB-IoT 的用户终端成本、功耗更低，而 eMTC 在移动性、语音、数据传输速率等方面具有一定优势。随着后续版本的演进，两项技术在 LPWAN 领域将互相融合、互为补充，以提升用户体验。第二种 LPWAN 通信技术是 Sigfox 技术，它工作在非授权频谱上，在欧洲的使用频率是 868MHz，在美国的使用频率是 915MHz，但这两个频率在中国被作为授权频谱使用。Sigfox 是一个基于软件的通信解决方案，Sigfox 公司的目标是成为全球物联网运营服务商，为智能家电系统提供传输少量数据的无线网络，通过与运营商合作来获得数据，再将数据转售给设备的所属公司。Sigfox 技术基于无线电信号强度分析和深度学习技术，与传统的全球定位系统（GPS）跟踪不同，Sigfox 定位技术在室内和室外都可以工作，不需要任何额外的硬件、软件或能源，可以实现较低成本的物联网定位服务，为世界各地的大量资产提供经济性很高的跟踪服务。还有一种技术是随机相位多址接入（RPMA）技术，它是 Ingenu 公司拥有的一项专利技术，工作在 2.4GHz 的非授权频谱上，该频谱在全球范围内都属于免费频段，RPMA 技术可以实现全球漫游。为了降低功耗，延长电池寿命，RPMA 技术在每个设备的接入点（AP）上设置了特殊的连接协议，在检查设备状态和接收数据之后便会断开连接，其上行速率可达 624kbit/s，下行速率可达 156kbit/s，比 GPRS 和 Sigfox 的速率更快一点。RPMA 技术的网速是可调的，2kbit/s 的网速适合大多数物联网设备。

1.4　NB-IoT 通信技术概述

在 NB-IoT 被提出之前，业界都非常认同未来物联网的发展趋势，M2M 通信前景也被 3GPP 组织视为标准生态壮大的重要机遇，而在物联网时代，具备广覆盖、低成本、低功耗、低速率、大连接等特点的 LPWAN 将扮演重要角色，它是可以用低比特率进行长距离通信的无线网络。3GPP 组织一直在推动相关物联网无线通信技术的发展，主要致力于以下两个方向。

NB-IoT 概述

第一个方向是面对非 3GPP 技术的挑战，开展有关 GSM 技术演进和全新接入技术的研究。长期以来，运营商的物联网业务主要依靠的是低成本的 GPRS 模块，然而由于 LoRa、Sigfox 等新技术的出现，GPRS 模块在成本、功耗和覆盖方面的传统优势受到威胁，于是在 2014 年 3 月，3GPP 组织提出成立新的研究项目"FS_IoT_LC"，研究演进 GSM/EDGE 无线电接入网络系统（GERAN 系统和新接入系统）的可行性，以支持更低复杂度、更低成本、更低功耗、更广覆盖等增强特性，NB-IoT 正是针对这个方向的全新接入技术。第二个方向是考虑未来替代 2G、3G 物联网模块，研究低成本、演进的 LTE-MTC 技术。进入 LTE 及后续演进技术应用的发展阶段后，3GPP 组织也定义了许多适用于物联网不同业务需求场景的终端类型，Rel-8 标准已定义了不同速率的 Cat.1～Cat.5 的终端类型，在之后的版本演进中，在新定义支持高带宽、高速率的 Cat.6、Cat.9 等终端类型的同时，新定义了更低成本、更低功耗的 Cat.0（Rel-12 标准中的终端类型）。在 Cat.0 的基础上，3GPP 组织在 2014 年 9 月的 RAN65 号会议中提出，成立新的研究项目"LTE_MTCe2_L1"，进一步研发更低成本、更低功耗、更广覆盖的 LTE-MTC 技术。

下面介绍无线通信技术的发展时间节点。2015 年 9 月，3GPP 组织正式启动 NB-IoT 标准工作立项；2016 年 4 月，NB-IoT 物理层（PHY 层）标准在 3GPP Rel-13 阶段冻结；2016 年 6 月，NB-IoT 核心标准在 3GPP Rel-13 阶段冻结，确认 NB-IoT 作为标准化的物联网专有协议；2016 年 9 月，3GPP 组织完成 NB-IoT 性能部分的标准制定；2017 年 1 月，3GPP 组织完成 NB-IoT 一致性测试部分的标准制定。标准化工作的完成使全球运营商有了标准化的物联网专有协议，同时标志着 NB-IoT 进入规模化商用阶段。在 5G 商用前的窗口期和未来 5G 商用后的低成本、低速率市场中，NB-IoT 将有很大的应用空间。NB-IoT 定位于运营商级，基于授权频谱的低速率物联网市场，可直接部署于 LTE 网络，也可以基于运营商现有的 2G、3G 网络，通过设备升级的方式来部署，可降低部署成本和实现平滑升级，是一种可以在全球范围内广泛应用的物联网新兴技术，可以构建全球最大的 CIoT 生态系统。

NB-IoT 通信技术的优势主要体现在以下 6 个方面。

（1）广覆盖。NB-IoT 与 GPRS、LTE 网络相比，最大链路预算提升了 20dB，相当于提升了 100 倍，甚至可以覆盖地下车库、地下室、地下管道等普通无线网络信号难以到达的地方。

（2）低功耗。NB-IoT 可以使设备一直在线，但是通过减少不必要的信令，更长的寻呼周期，以及终端进入省电模式（PSM）等机制来达到省电的目的，有些场景的电池供电可以长达 10 年。

（3）低成本。低速率、低功耗、低带宽可以带来终端的低复杂度，便于终端做到低成本。同时，NB-IoT 基于蜂窝网络，可直接部署于现有的 LTE 网络，运营商的部署成本也比较低。

（4）大连接。NB-IoT 基站的单扇区可支持超过 5 万个用户终端与核心网的连接，是现有 2G、3G、4G 移动网络用户容量的 50～100 倍。

（5）NB-IoT 可直接部署于 LTE 网络，也可利用 2G、3G 的频谱重耕来部署，无论是数据安全和建网成本，还是产业链和网络覆盖，相较于非授权频谱都具有很强的优越性。

（6）安全性。NB-IoT 继承了 4G 网络安全的能力，支持双向鉴权和空口严格的加密机制，确保用户终端在发送和接收数据时的空口安全性。

NB-IoT 的系统带宽为 200kHz，传输带宽为 180kHz，这种设计优势主要体现在以下 3 个方面。

（1）NB-IoT 的传输带宽和 LTE 网络一个物理资源块（PRB）的载波带宽相同，因此 NB-IoT 能够与传统 LTE 系统很好地兼容。此外，窄带宽的设计为 LTE 系统的保护带部署带来了便利，使运营商易于实现与传统 LTE 系统设备的共站部署，有效降低了 NB-IoT 的建设与运维成本。

（2）NB-IoT 的系统带宽和 GSM 的载波带宽相同，这使得 NB-IoT 可以在 GSM 的频谱中实现无缝部署，为运营商重耕 2G 网络频谱提供了先天的便利性。

（3）NB-IoT 将系统带宽缩小至 200kHz，有效降低了 NB-IoT 用户终端芯片的复杂度。同时，更窄的带宽提供了更低的数据吞吐量，NB-IoT 用户终端芯片的数字基带部分的复杂度和规格也将大幅降低。因此，NB-IoT 具有比传统 LTE 系统更高的芯片集成度，进一步降低了芯片成本及开发复杂度。

NB-IoT 应用特点之低成本

总之，NB-IoT 是一种全新的基于蜂窝网络的通信技术，是 3GPP 国际标准，可在全球范围内广泛部署，聚焦于 LPWAN，基于授权频谱运营，可直接部署于 LTE 网络，具备较低的部署成本和平滑升级能力。由于物联网应用场景的移动化，蜂窝网络所承担的物联网连接比例也将逐步提升。在物联网应用快速发展的过程中，运营商面临着前所未有的大连接机遇，但同时面临着能否抓住机遇实现业务快速发展的挑战。

1.5　LoRa 通信技术概述

LoRa 通信技术作为 LPWAN 通信技术中的一种，是美国 Semtech 公司采用和推广的基于扩频调制（SSM）技术的超远距离无线传输方案。LoRa 自身是一种 PHY 层技术规范，它改变了以往关于传输距离与功耗的折中考虑方式，为用户提供了一种简单的、能实现远距离传输、长电池寿命、大容量的系统，进而扩展了传感网络。LoRa 主要在全球免费频段上运行，包括 433MHz、470MHz、868MHz 和 915MHz 等。中国 LoRa 物联网的生态圈结构如图 1-5-1 所示。其中，CLAA 的英文全称为 China LoRa Application Alliance，即中国 LoRa 应用联盟。

1. LoRa 联盟

LoRa 联盟于 2015 年上半年由思科、IBM 和 Semtech 等多家公司共同创立，LoRa 联盟制定了 LoRaWAN 规范，主要完成的是介质访问控制（MAC）层规范及对 PHY 层相关参数的约定。

LoRa 无线通信技术概述

LoRaWAN 是为 LoRa 网络设计的一套通信协议和系统架构。LoRaWAN 在协议和系统架构的设计上，充分考虑了节点功耗、网络容量、服务质量、安全性和网络应用多样性等因素，使得 LoRa 网络真正适合低功耗、广覆盖及园区级灵活建网的物联网应用场景。

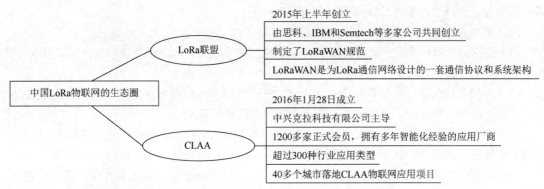

图 1-5-1　中国 LoRa 物联网的生态圈结构

2．CLAA

中兴通讯股份有限公司的子公司中兴克拉科技有限公司作为 LoRa 联盟的董事会成员，是中国运营级 LoRa 产业链的主导者，主导着 CLAA。CLAA 作为一个公益性技术标准组织，是全球最大的 LoRa 物联网生态圈，它于 2016 年 1 月 28 日成立，截至 2018 年 11 月已拥有 1200 多家正式会员，始终保持高速的增长态势，其会员包括与网络相关的芯片、设备、平台、天线、电池等厂商，还包括大量在国内外表计、园区、市政、家居、工业、能源、农业等行业拥有多年智能化经验的应用厂商，可通过下游的丰富应用来带动 LoRa 产业的繁荣。截至 2019 年 4 月，CLAA 已发布了超过 300 种行业应用类型，在 40 多个城市落地 CLAA 物联网应用项目，极大地丰富了 LPWAN 领域的应用类型。

Machina Research 的 1 份报告中提到了 LPWAN 市场中的 6 种实体：

（1）移动网络运营商。

（2）非移动网络运营商。

（3）系统集成商。

（4）大型工业区和园区。

（5）产品制造商。

（6）传感器原始设备制造商。

物联网低功耗广域连接的发展需求使产品商、服务商、运营商等看到了新的市场发展机会，产业生态链的成熟也有利于行业健康、长远的发展。LoRa 通信技术具有低功耗、低成本、广覆盖、极低的发射功率等特点，为轻量级、运营级物联网叠加网覆盖模式奠定了基础。LoRa 在发展初期基本上是面向企业市场的，还没有普及到面向客户市场。一些具有行业或市场资源的公司会较早地部署 LoRa 网络，改变原有的应用系统或创造新的应用系统，LPWAN 市场的创新活力也源于此。在 LoRa 市场中，多数厂家以提供（云）端到（终）端的解决方案为主，包括模组、网关和网络服务器。由于对设备数据的要求不同，LoRa 网络服务器有的是私有化部署，有的是部署在公有云或第三方网络服务器上。

LoRa 市场的业务特点也催生了 The Things Network、LORIOT 等开源的或专业的网络服务平台，提供了基于 LoRaWAN 的管理平台和应用服务。当数据成为一种服务并与产品相结合时，硬件不再是产品的全部，物联网产品的定义或许会因此而改变，进而产生一些新的商业模式。CLAA

旨在共同建立中国 LoRa 应用合作生态圈，推动 LoRa 产业链在中国的应用和发展，建设多业务共享、低成本、广覆盖、可运营的 LoRa 物联网。正是基于此理念，CLAA 构建了共建共享的 LoRa 网络管理平台，在该平台上已聚集了众多垂直行业的产品和解决方案。CLAA 提供了网关和云化核心网服务，可以快速搭建 LoRa 物联网系统的应用。

CLAA 主要有面向以下 4 种合作伙伴的商业模式。

（1）独立运营商：提供全套解决方案，支持客户建网，并与 CLAA 共享物联网互联互通，网络可以交给第三方代理维护。

（2）大型合作伙伴：共享共建 CLAA 网络，在多个城市大中范围覆盖，享受全网整体收益，CLAA 负责网络平台运维，合作伙伴负责本地建网和业务运营。

（3）中小型客户：直接采购设备和全套解决方案，CLAA 协助建网和部署，城市级、区域级或项目级覆盖，通过 CLAA 公有云网络数据运行，CLAA 可以承担网络平台的运维成本。

（4）渠道合作伙伴：直接采购设备和方案，渠道自行拓展客户，由渠道合作伙伴或客户建网，CLAA 协助客户运营，客户承担运维费用。

1.6　LoRa 的关键技术

LoRa 是 Semtech 公司创建的低功耗局域网无线标准，它的最大特点就是在同样的功耗条件下比其他无线方式传播的距离更远，实现了低功耗和远距离的统一，在同样的功耗下，它相对于传统的无线射频通信的距离扩大了 3～5 倍。LoRa 网络架构（见图 1-6-1）由终端、网关、网络服务器和应用服务器四部分组成。

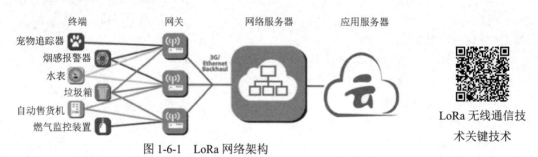

图 1-6-1　LoRa 网络架构

LoRa 无线通信技术关键技术

网络服务器用于终端的管理和数据的转发，应用服务器用于业务数据的展示与平台的管理。LoRa 采用两级星型组网方式，终端到网关是星型组网，网关到网络服务器也是星型组网。星型组网的突出优势是简单、工程开通方便、开通成本低。在 LoRa 网络架构中，终端数据可以通过多网关传送到核心网，网关间可以实现相互容灾，增强了网络可靠性。LoRa 网络的传输距离和无线传输环境密切相关，这是因为无线传播路径上的障碍物会对信号产生影响，信号衰减的差异巨大，并且采用了不同的扩频因子（SF），链路预算不同，传输距离就有差别，SF 越长，传输距离就越远。根据 Semtech 公司的宣传资料，城区的传输距离为 3km，农村的传输距离为 30km。根据行业项目的真实测试数据，一般在城区，BW125K、SF12 的最远传输距离为 15km。LoRa 信号具备可穿透 12 层一般建筑物墙体的能力。LoRaWAN 是一个异步网络，终端发包时无信道接入过程，终端从深度休眠到发包的整个流程非常简单，主要功耗来自发包，LoRa 网关的运行模式如图 1-6-2 所示。

低功耗是大部分物联网应用场景的第一诉求，特别是对于一些不能频繁充电或不方便更换电池的设备和场景。终端每日功耗=每日发包次数×单次发包耗电量+每日收包次数×单次收包耗电量+每日休眠总时间×单位时间休眠耗电量。以一个 LoRa 燃气表为例，每 2h 抄一次表，包长为 30B，表记发射电流为 120mA，接收电流为 10mA，休眠电流为 10μA，使用 2400mA·h 的电池。假定表采用 SF9 来工作，这样每次表记发包耗时为 243ms，接收判断耗时为 20ms。在这种场景下，电池（4 节 5 号 1.5V 碱性电池）的工作时间为 7.5 年。

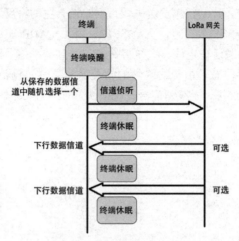

图 1-6-2　LoRa 网关的运行模式

LoRa 网络是一个轻量级网络，它通过互联网向用户提供各种应用服务的方式部署于 IP 宽带网络上，网关形态小，类似于 Wi-Fi AP，便于部署。网络服务器采用云化部署，可以部署在公有云或私有云上，也可以部署在工业服务器上。一般厂家都是云化部署，对外免费提供。应用服务器一般根据客户需求定制，用于物联网终端的业务展示和管理，市面上价格差异较大。由于 LoRa 协议栈较为简单，制造 LoRa 芯片的工艺并不复杂，一般的终端射频芯片成本仅为 1 美元左右。LoRa 模组加上多点控制器（MCU）后的成本被控制在 5 美元左右，LoRa 网关的市场价格为 1000 美元左右。整个 LoRa 网络架构简单，网络部署成本低。企业和事业单位可以自行部署 LoRa 网络，利用楼顶、灯杆等站址资源，网关数据回传采用 LTE 网络或内部的宽带网络，日常的网络运维成本也非常低。

LoRa 网络的容量和很多因素相关，影响 LoRa 网络容量的因素主要有如下几个。

（1）网关的数量和每个网关的信道数量。

（2）网关的工作模式：半双工或全双工。

（3）终端的话务模型：上下行发包比例、上下行发包频率、平均帧长。

（4）网络覆盖质量：终端在不同 SF 下的分布比例等。

（5）网关间的覆盖重叠比例。例如，在单网关 8 个信道上行，终端每小时发送一个包，无下行，包长为 30B，单网关上行的最大容量为 8 万个终端。由此可见，LoRa 网络的连接能力非常适合低速率、小数据包的物联网应用场景。LoRa 基于线性扩频通信技术，能够得到很高的编码增益。LoRa 扩频技术的原理如图 1-6-3 所示。

通过扩频编码，发送侧将信号的频带扩展了 N 倍；接收侧在恢复信号时，通过扩频码的相关计算，信号强度增加了 N 倍，但噪声没有变化，这样信噪比（SNR）提升了 N 倍，能够有效检测出信号。LoRa 采用长扩频码，信噪比能够得到 21～36dB 的提升，这样 LoRa 能够在低于噪声能力的情况下检测出信号。速率自适应（ADR）是 LoRaWAN 的一个优势，ADR 控制过程的消息交互如图 1-6-4 所示。

LoRa 网络根据终端当前的无线信号传播条件，选择最合适的 SF 和发射功率，降低终端发射功率和减少发射时间，减少整个网络的干扰，提高终端的续航时间。ADR 的实现原理是 LoRa 网络服务器根据终端的多个上行帧接收信号的强度指示（RSSI）和 SNR，以及网关的检出阈值，计算终端可以采用的最佳 SF。当 SF 被调整到 SF7 时，若 RSSI 和 SNR 依然有余量，则可以继续降低终端的发射功率。在计算完成后，通过 ADR 命令将 SF 发送给终端。在终端侧接收到 ADR 命令后，按照 NS 命令调整 SF。若上行包发送失败，则终端会主动将反射功率调整至最大，若依然失败，则调整 SF，从 SF7 向 SF12 调整，直至 SF12。因此，ADR 的调整思路是增加 PHY 层-应用层通信包的成功率，增强通信稳定性、系统鲁棒性，并且减小信号碰撞概率，提升网络容量，充分利用网络带宽。这里要注意，由于物联网的帧发送间隔时间较长，ADR 主要适用于静止类型的终端。对于移动类型的终端，无线侧信号变化很快，网络无法评估其信号质量，因此 ADR 不适用。

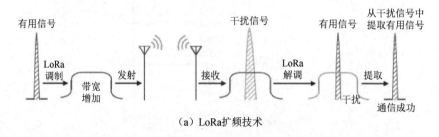

（a）LoRa扩频技术

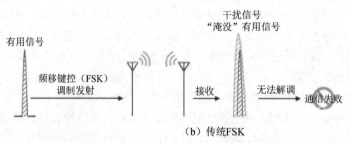

（b）传统FSK

图 1-6-3   LoRa 扩频技术的原理

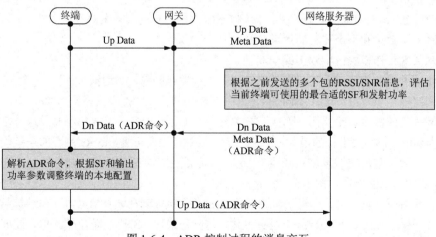

图 1-6-4   ADR 控制过程的消息交互

LoRa 主要工作于 1GHz 的频谱和 Sub-G 以下的 ISM 频段，在不同的国家和地区，ISM 频段也不同，如欧盟区域为 EU433MHz、863～870MHz，北美区域为 US902～928MHz，澳大利亚为 Australia915～928MHz，中国为 CN433MHz、470～510MHz，亚太区域为 AS923MHz。

LoRa 网络已经在世界多地进行试点或部署。据 LoRa 联盟早先公布的数据，已经有 9 个国家开始建网，56 个国家开始试点。对国内三大运营商来说，NB-IoT 部署已经"箭在弦上"。2020 年，很多城市已完成 NB-IoT 部署，我国利用 LoRa 通信技术进行大规模组网的可能性不大。

思政微课：飞天之星——钱学森

思考与练习

一、单选题

1. 比尔·盖茨于 1995 年在《未来之路》一书中提出了_____理念。在该书中，比尔·盖茨提到了物物互联，只是当时受限于无线网络、硬件及传感设备的发展，并未引起重视。（　　）

A．物链网　　　　　　　　　　　　B．物联网

C．智慧网　　　　　　　　　　　　D．蜂窝网

2. NB-IoT 是 3GPP 组织定义的一种全新的、基于_____的通信技术的国际标准。（　　）

A．免费频谱　　　　　　　　　　　B．峰蜗网络

C．短距离网络　　　　　　　　　　D．蜂窝网络

二、多选题

1. 物联网通信技术有很多种，其中，短距离无线通信技术的代表技术有_____。（　　）

A．LTE　　　　　　　　　　　　　B．ZigBee

C．Wi-Fi　　　　　　　　　　　　D．5G

2. 物联网通信技术有很多种，其中，广域网通信技术的代表技术有_____。（　　）

A．ZigBee　　　　　　　　　　　　B．GSM

C．UMTS　　　　　　　　　　　　D．LTE

3. NB-IoT 是一种全新的、由 3GPP 组织定义的国际标准，可在全球范围内广泛部署，聚焦于_____，基于_____运营，可直接部署于_____，具备较低的部署成本和平滑升级能力。（　　）

A．LPWAN　　　　　　　　　　　B．授权频谱

C．LTE 网络　　　　　　　　　　　D．Sigfox 网络

三、判断题

1. eMTC 通过对 LTE 协议进行裁剪和优化以适应中低速物联网业务的需求，传输带宽是 1.8MHz。由于 eMTC 的基础设施是现成的，大部分 LTE 基站可以升级为支持 eMTC 的基站。（　　）

2. LoRa 通信技术作为 LPWAN 通信技术中的一种，是美国 Semtech 公司采用和推广的基于 SSM 技术的超远距离无线传输方案。（　　）

3. LoRa 是一种全新的物联网技术，是 3GPP 组织定义的国际标准，可在全球范围内广泛部署。（　　）

第2章

NB-IoT 体系结构

工程师视角——
NB-IoT 设计初衷

本章内容简介

NB-IoT 是具备广覆盖、低成本、低功耗、低速率、大连接等特点的 LPWAN 通信技术，是可以用低比特率进行长距离通信的无线网络。

本章主要介绍 NB-IoT 体系结构，包括 NB-IoT 体系结构概述，演进的通用无线接入网（E-UTRAN）的功能和无线接入协议，NB-IoT 的数据传输方案，以及 NB-IoT 的 MAC 层、分组数据汇聚协议（PDCP）层、无线链路控制（RLC）层、无线资源控制（RRC）层等。

课程目标

知识目标	（1）熟悉 NB-IoT 体系结构知识
	（2）熟悉 NB-IoT 体系结构各层的特点和功能
	（3）了解 E-UTRAN 的功能和无线接入协议
技能目标	（1）掌握 NB-IoT 体系结构知识
	（2）掌握 NB-IoT 体系结构各层的特点和功能
素质目标	通过自主查阅资料，了解 NB-IoT 体系结构的基础知识，提高辩证唯物主义的思维能力
思政目标	学习华为精神，坚定科技强国、技能强身的学习信念
重难点	NB-IoT 体系结构各层的特点和功能
学习方法	自主查阅、类比学习、头脑风暴

2.1 NB-IoT 体系结构概述

NB-IoT 体系结构如图 2-1-1 所示，分为 5 部分，分别是 NB-IoT 终端、NB-IoT 基站、NB-IoT 核心网源、NB-IoT 互联网平台及 NB-IoT 应用服务器。在该图中，SGW 是指服务网关，PGW 是指 PDN 网关，MME 是指移动性管理实体，HSS 是指归属用户服务器，PCRF 是指策略和计费功能。

NB-IoT 络体系结构

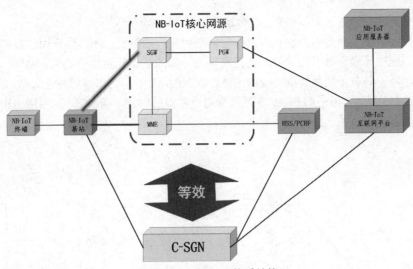

图 2-1-1　NB-IoT 体系结构

　　NB-IoT 体系结构的布局方案有两种，第一种是升级原有核心网；第二种是部署一个新型网源，这里新型网源的英文缩写为 C-SGN，即 CIoT 服务网关节点，这个节点是由 SGW、PGW 和MME 三个网源融合组成的，即三合一网源，那么对基站来说，无论用户面的数据，还是控制面的信令，都是由一个网源进行交互的。NB-IoT 的网源融合方案如图 2-1-2 所示。

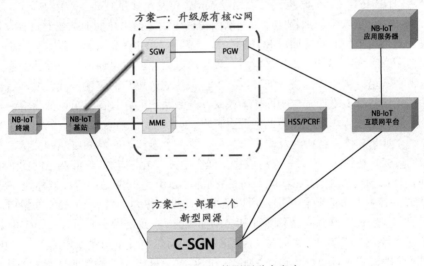

图 2-1-2　NB-IoT 的网源融合方案

　　同样地，基站在与其他设备、网络进行数据传输时，物联网平台或直连服务器也都由一个网源完成信息交互。方案一是将原有核心网升级为 NB-IoT 核心网，这也是国内三大运营商（中国移动、中国联通、中国电信）正在部署的一种方案，现阶段部署方案一是因为方案一是在原有 3G、4G 网络的基础上升级核心网来实现 NB-IoT 功能的。方案二是全新的系统方案，从可能性的角度来看，在以后条件允许的情况下会使用方案二，从各大运营商的网络体系结构特点来看，要以方案一为主，着重学习方案一的 NB-IoT 体系结构。

　　首先，我们来学习一个数据传输的例子，以 NB-IoT 水表上报的数据为例，数据上报先通过基站，基站就是在日常生活中高楼上的一些带有天线的铁塔。终端和基站之间是用电磁波进行数据交换的，当基站的数据上报到核心网时，可以通过两种方式进行传输，一种是从 MME 网源侧进行传输，另一种是通过 SGW 网源进行传输。

这里要注意，刚才提到的水表上报的数据就是用户面的数据，所以用户面的数据可以通过两种方式在核心网中传输。基站的主要功能是将终端上报的数据转发给核心网。MME 用来控制信令的传输，相当于具有控制面管理功能的网源，在 NB-IoT 中，它也可以传输数据。NB-IoT 的数据传输如图 2-1-3 所示，图中的 SGW 主要负责用户数据的转发，而 PGW 主要用于实现外部网络互联的，确定数据应该发送至哪一个外部网源。

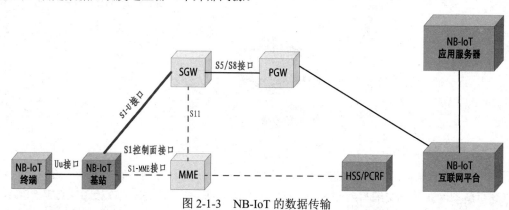

图 2-1-3　NB-IoT 的数据传输

对 NB-IoT 来说，PGW 外部对接的网源一般为物联网平台，少数为非物联网平台。在数据传输到基站之后，NB-IoT 基站的数据既可以通过 MME 转发，参见图 2-1-3 中的虚线，又可以通过 SGW 转发，参见图 2-1-3 中的加粗实线。控制面传输模式是指用户面的数据通过 MME 转发，用户面传输模式是指用户面的数据通过 SGW 转发。在基于 NB-IoT 的体系结构中，较小的数据流居多，移动通信网升级为支持 NB-IoT 功能后，较小的数据包就可以通过控制面传输模式转发，较大的数据包则不满足控制面传输模式的转发要求，只能通过用户面传输模式转发，这样就在原有用户面传输模式的基础上增加了控制面传输模式，升级系统的好处在于可以减少终端与网络之间的交互信令，简化数据传输过程，降低资源占有率。

下面介绍 NB-IoT 体系结构涉及的接口名称，第一个接口是基站和终端的接口，是通过电磁波传输数据的接口，被称为 Uu 接口（无线接口或空中接口），基站和核心网之间的通信接口被称为 S1 控制面接口。进一步细化 NB-IoT 系统，基站和 MME 之间的通信接口被称为 S1-MME 接口或 S1-lite 接口，其中 Lite 表示轻量级，所以这个接口也被称为轻量级 S1 控制面接口，主要用于传输会话管理和移动性管理信息（信令面和控制面信息），数据量小。直接将用户面数据传输给 SGW 的接口被称为 S1-U 接口，其主要功能是在 SGW 与基站设备间建立隧道，传输用户面数据。在采用控制面传输模式进行数据传输时，MME 和 SGW 之间除了传输控制面数据的接口，还需要增加一个 S11 接口，用于支持 MME 与 SGW 之间的移动性管理和承载管理。传输控制面数据的接口被称为 S11-C 接口，传输用户面数据的接口被称为 S11-U 接口。SGW 和 PGW 之间的接口被称为 S5 接口或 S8 接口，当 SGW 与 PGW 之间传输的是非漫游数据时，二者之间的接口为 S5 接口，即非漫游接口；当 SGW 与 PGW 之间传输的是漫游数据时，二者之间的接口为 S8 接口。不同的数据流对应的接口是不一样的。

2.2　E-UTRAN 的功能和无线接入协议

E-UTRAN 和演进的分组核心网（EPC）在 NB-IoT 体系结构中承担着相互独立的功能，E-UTRAN 由多个 eNB 基站功能实体组成，EPC 由 MME、SGW 和 PGW 功能实体组成，E-UTRAN

结构如图 2-2-1 所示。其中，S1、X2 均为控制面接口。

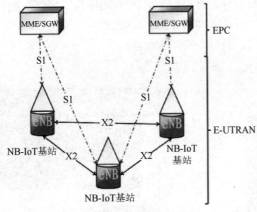

E-UTRAN 的功能和
无线接入协议

图 2-2-1　E-UTRAN 结构

eNB 基站的功能如下。

（1）无线资源管理功能，包括无线承载控制、无线接入控制、连接移动性控制、UE 上下行资源动态分配和调度等。

（2）IP 包头压缩和用户数据流的加密。

（3）当终端携带的信息不能确定到达某 MME 的路由时，eNB 基站为终端选择一个 MME。

（4）将用户面数据路由到相应的 SGW。

（5）MME 发起的寻呼消息的调度和发送。

（6）MME 或运行和维护（Operation & Maintenance，O&M）管理层发起的广播信息的调度和发送。

（7）在上行链路中传输标记级别的数据包。

（8）终端不移动时的 SGW 搬迁。

（9）用户面传输模式的安全和无线配置。

MME 是 LTE 接入网络的关键控制节点，MME 功能如图 2-2-2 所示。

图 2-2-2　MME 功能

MME 主要负责信令处理部分，具有移动性管理，承载管理，用户的鉴权认证，以及 SGW 和 PGW 的选择等功能。MME 还支持在法律许可的范围内进行拦截和监听。MME 引入了 NB-IoT 能力协商，附着时不建立 PDN 连接，创建 Non-IP 的 PDN 连接，支持控制面传输模式，支持用户面传输模式，以及支持有限制的移动性管理等。

SGW 是终止于 E-UTRAN 接口的网关，SGW 功能如图 2-2-3 所示。

SGW 在 eNB 基站之间切换时，可以作为本地锚点并协助完成 eNB 基站的重排序功能，实现数据包的路由和转发，在上行和下行传输层进行分组标记，在空闲状态下实现下行分组的缓冲和发起网络触发的服务请求功能，用于运营商之间的计费。SGW 引入了支持 NB-IoT 的无线电接入技术（RAT）类型、转发速率控制信息、S11-U 接口隧道等。

PGW 功能如图 2-2-4 所示。

图 2-2-3　SGW 功能

图 2-2-4　PGW 功能

PGW 的接口和外部数据网络（如互联网、IMS 等）的 SGi 接口是演进的分组系统（EPS）锚点，是 3GPP 网络与非 3GPP 网络之间的用户面数据链路的锚点，负责管理 3GPP 数据和非 3GPP 数据之间的路由，管理 3GPP 接入和非 3GPP 接入之间的移动，还负责动态主机配置协议（Dynamic Host Configuration Protocol，DHCP）、策略执行、计费等。若终端访问多个 PDN，则终端将对应一个或多个 PGW。PGW 引入了支持 NB-IoT 的 RAT 类型，创建 Non-IP 的 PDN 连接，以及执行速率控制等。

SGW 和 PGW 可以在相同物理节点或不同物理节点上实现，E-UTRAN、MME、SGW 和 PGW 是逻辑节点，RRC 子层、PDCP 子层、RLC 子层、MAC 子层、PHY 层是无线协议层。E-UTRAN 和 EPC 之间的功能划分如图 2-2-5 所示。

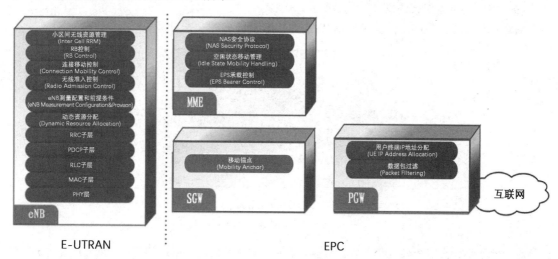

图 2-2-5　E-UTRAN 和 EPC 之间的功能划分

Uu 接口是指终端和接入网之间的接口。Uu 接口主要用于建立、重配置和释放各种无线承载业务。在 NB-IoT 通信技术中，Uu 接口是终端和 eNB 基站之间的接口，是一个完全开放的接口，只要遵循 NB-IoT 规范，不同制造商的设备之间就可以通信。

NB-IoT 的 E-UTRAN 协议结构如图 2-2-6 所示，包含 PHY 层（L1 层）、数据链路层（L2 层）和网络层（L3 层）。

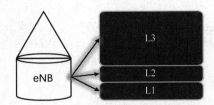

图 2-2-6　NB-IoT 的 E-UTRAN 协议结构

NB-IoT 协议层规划了两种数据传输模式，分别是控制面传输模式和用户面传输模式，其中，控制面传输模式是必选项，用户面传输模式是可选项。如果终端同时支持两种传输模式，那么需要非接入层（NAS）信令与核心网设备协商来确定传输模式。在终端侧，控制面协议栈主要负责 Uu 接口的管理和控制，包括 RRC 子层协议、PDCP 子层协议、RLC 子层协议、MAC 子层协议、PHY 层协议和 NAS 协议。协议要求，NB-IoT 终端和网络必须支持控制面传输模式，并且无论 IP 数据还是 Non-IP 数据，都封装在 NAS 数据包中，NAS 数据可以安全、高效地进行报头压缩。在终端进入 RRC_Idle 空闲状态后，终端和 eNB 基站不保留接入层（AS）上下文，终端再次进入连接状态需要重新发起 RRC 连接建立请求。

控制面传输模式总体架构和业务数据流如图 2-2-7 所示。

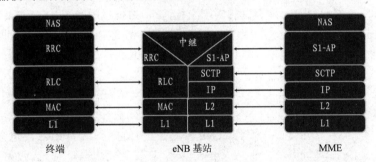

图 2-2-7　控制面传输模式总体架构和业务数据流

NAS 协议处理终端和 MME 之间信息的传输，可以传输用户信息或控制信息（如业务的建立和释放或移动性管理信息）。控制面的 NAS 消息有连接性管理、移动性管理、会话管理和 GPRS 移动性管理等。

RRC 子层用于处理终端和 eNB 基站之间控制面的第三层信息。在 RRC 层对无线资源进行分配并发送相关信令，终端和 E-UTRAN 之间控制信令的主要部分是 RRC 消息，RRC 消息承载了建立、修改和释放 PHY 层协议实体所需的全部参数，同时携带了 NAS 的一些信令。RRC 子层协议在 AS 中具有控制功能，负责建立无线承载，配置 eNB 基站和终端之间的 RRC 信令控制。用户面协议栈包括 PDCP 层、RLC 层、MAC 层和 PHY 层协议，功能包括报头压缩、加密、调度、自动重传请求（ARQ）和混合自动重传请求（HARQ）。

PHY 层（L1 层）为数据链路层提供数据传输功能，该层还通过传输信道为 MAC 子层提供相应的服务，MAC 子层通过逻辑信道向 RLC 子层提供相应的服务。

PDCP 子层属于 Uu 接口协议栈的第二层，负责处理控制面上的 RRC 消息和用户面上的 IP 数据包。在用户面上，PDCP 子层得到来自上层的 IP 数据分组后，可以先对 IP 数据包进行报头压缩和加密，再将其递交到 RLC 子层。PDCP 子层还向上层提供按序提交和重复分组检测功能。在控制面上，PDCP 子层为 RRC 子层提供信令传输服务，并实现 RRC 信令的加密和一致性保护，以及在反方向上实现 RRC 信令的解密和一致性检查。

2.3 NB-IoT 的数据传输模式

NB-IoT 网络数据传输方案

NB-IoT 定义了两种数据传输模式，即控制面传输模式和用户面传输模式。

对于数据发起方，由终端决定选用何种传输模式；对于数据接收方，由 MME 参考终端习惯，与 NAS 信令协商来配置传输模式。

控制面传输模式是 3GPP 组织规定的一个必选方案，也就是运营商必须支持和部署的 NB-IoT 方案，NB-IoT 在没有激活 AS 安全协议之前，不使用 PDCP 子层，那么可以在 RRC_Connected 连接状态建立期间配置非锚点载波。当 NB-IoT 中的终端只支持控制面传输模式时，终端就不会使用 PDCP 子层；当 NB-IoT 中的终端同时支持控制面传输模式和用户面传输模式时，在启用 AS 安全协议之前不使用 PDCP 子层。

控制面传输模式是 NB-IoT 中新增的数据传输过程，主要用于小数据包的传输优化，支持将 IP 数据包、Non-IP 数据包、短消息业务（SMS）封装到 NAS 消息数据的协议数据单元（PDU）中进行传输，并且不需要建立数据无线承载（DRB）和 S1-U 接口数据传输承载。在控制面传输模式下，UE 和 eNB 基站间的数据交换在 RRC 子层上完成。对于下行链路，数据包附带在 RRC 连接建立（RRC Connection Setup）消息里；对于上行链路，数据包附带在 RRC 连接建立完成（RRC Connection Setup Complete）后，在 RRC 连接建立消息里记录完成状态。如果数据量过大，RRC 层不能完成全部传输，那么使用下行信息传输（DL Information Transfer）和上行信息传输（UL Information Transfer）。控制面传输模式的传输过程如图 2-3-1 所示。

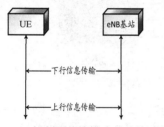

图 2-3-1 控制面传输模式的传输过程

这两类信息中包含的是带有 NAS 消息的字节数组，其对应 NB-IoT 传输数据包，因此 NAS 消息对于 eNB 基站是透明的，终端的 RRC 层也会将它直接转发给上一层。在控制面传输模式下，没有 RRC 连接重置（Connection Reconfiguration）过程，传输数据在 RRC 连接建立消息里传输，或者在 RRC 连接建立完成之后，RRC 层立即释放连接并启动恢复进程。只支持控制面传输模式的终端仅需要建立 SRB1bis（SRB 即信令无线承载），不需要支持任何 DRB 和相关过程。控制面传输模式包括终端发起的 MO 控制面数据传输过程和终端终结的 MT 控制面数据传输过程。当 NB-IoT 支持用户面传输模式时，网络中的终端需要建立 SRB1，在 RRC 连接建立的过程中，SRB1bis 随着 SRB1 被隐含建立。依据支持用户面传输模式的终端能力，数据通过传统的用户面传输，为了降低物联网终端的复杂性，默认支持 1 个 DRB，最多可支持 2 个 DRB。支持用户面传输模式的 NB-IoT 还需要支持 RRC 连接的暂停和恢复、AS 安全协议、RRC 连接重建和 RRC 连接重置。在控制面传输模式下，RRC 连接建立时的特征如下。

（1）在上行链路中，RRC 消息可发送上行链路 NAS 信令消息或 NAS 消息携带的数据。

（2）在下行链路中，RRC 消息可发送下行链路 NAS 信令消息或 NAS 消息携带的数据。

（3）不支持 RRC 连接重建和 RRC 连接重置。

（4）不使用 DRB。

（5）不使用 AS 安全协议。

（6）在 AS 中，不同的数据类型（如 IP、Non-IP、短信）之间没有区别。

在用户面传输模式下，RRC 连接建立时的特征如下。

（1）在 RRC 连接释放时，使用 1 个 RRC 连接挂起进程，在 RRC_Idle 空闲状态下，eNB 基站可请求保留 AS 上下文。

（2）从 RRC_Idle 空闲状态到 RRC_Connected 连接状态时，发送 1 个 RRC 连接恢复进程，终端中以前保存的信息被 eNB 基站用于恢复 RRC 连接。在恢复消息中，终端提供一个恢复 ID，由 eNB 基站访问保存的信息来恢复 RRC 连接。

（3）在挂起或恢复时必须保持 AS 安全。在 RRC 层恢复进程中不支持重新输入。终端在 RRC 层重建和恢复进程中以 shortMAC-I 为身份验证令牌。eNB 基站为终端提供 NCC，同时终端重置计数器。

（4）从 RRC_Idle 空闲状态到 RRC_Connected 连接状态，复用 CCCH 和 DTCH。

（5）建立 RRC 连接时，可配置 1 个非锚载波，用于 RRC 连接的重建、恢复或重置。

随着科学技术的飞速发展，NB-IoT 的控制面传输模式和用户面传输模式共存，这时 NB-IoT 规定了传输模式的共存结构，如图 2-3-2 所示。

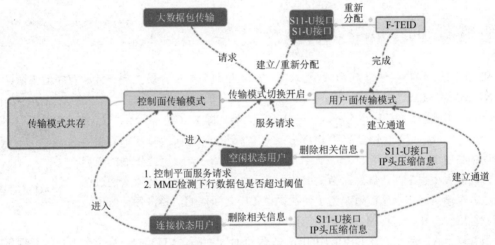

图 2-3-2　传输模式的共存结构

当用户采用控制面传输模式时，如果有大数据包传输需求，则可由终端或者网络发起由控制面传输模式到用户面传输模式的转换，并在会话建立或跟踪区更新（Tracking Area Update，TAU）流程中为 S11-U 接口和 S1-U 接口分配不同的全量隧道端点标识，此处的用户面传输模式包括普通用户面传输模式和用户面优化传输模式。空闲状态用户通过服务请求（Service Request）数据流程发起控制面传输模式到用户面传输模式的转换，MME 在收到终端的服务请求数据后，需要删除与控制面传输模式相关的 S11-U 接口信息和 IP 包头压缩信息，并为用户建立用户面通道。

连接状态用户的控制面传输模式到用户面传输模式的转换可以由终端通过控制面服务请求数据流程发起，也可由 MME 直接发起。MME 在接收到终端控制面服务请求消息或者检测到下行数据包超过阈值时，会删除与控制面传输模式相关的 S11-U 接口信息和 IP 包头压缩信息，并为用户建立用户面通道。

在控制面优化数据传输的会话建立或 SGW 改变的 TAU 流程中，SGW 返回给 MME 的服务响应建立消息同时携带 S11-U 接口和 S1-U 接口的全量隧道端点标识，MME 保存 S1-U 接口的全量隧道端点标识，并在控制面传输模式转换为用户面传输模式时，将保存的 S1-U 接口的全量隧道端点标识发送给 eNB 基站，用于建立用户面通道。

在 MME 改变的 TAU 流程中，旧的 MME 需要将保存 S1-U 接口信息的全量隧道端点标识发送给新的 MME，保证 TAU 后新的 MME 可以完成控制面传输模式至用户面传输模式的切换，如图 2-3-3 所示。

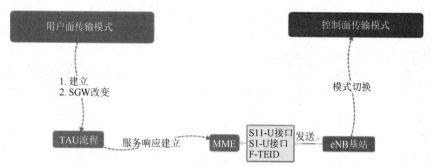

图 2-3-3　控制面传输模式至用户面传输模式的切换

NB-IoT 不管使用哪种传输模式，它的目的都是使终端一直在线。

2.4　NB-IoT 的 MAC 层

NB-IoT 的 MAC 层通过 MAC 层协议来定义数据包怎样在介质上更有效和有序地传输。NB-IoT 的 MAC 层有以下 7 种基本功能。

NB-IoT 网络的
MAC 层的基本
功能

（1）信道映射。NB-IoT 的空口信道分为三大类，即 RLC 层和 MAC 层之间的信道（逻辑信道）、MAC 层和 PHY 层之间的信道（传输信道）、PHY 层与外围设备的信道（物理信道），这三大类信道所处的位置不同，因此传输的数据类型、数据大小也不同。试想，当上层数据向下传时，原始数据要依次通过逻辑信道、传输信道和物理信道，为了使数据在各层之间传输，要将各种信道匹配，进行协同工作，这样的过程就是信道映射。

（2）复用和减复用。在 NB-IoT 的同一个发送时间间隔（TTI）中，将多个用户的数据包同时放在一个 MAC 层数据包中发送给下一层，这个过程被称为复用。解复用则是指将同一个 MAC 层数据包中不同用户的数据包解出来。

（3）HARQ。HARQ 具有纠错和检测能力。在 NB-IoT 中，为了符合 NB-IoT 的基本特征，HARQ 只有单进程，并且只支持异步自适应重传。这里要注意异步传输和同步传输的差别，其实生活中有很多同步和异步的例子。例如，你叫我去吃饭，我听到了，就立刻和你去吃饭，如果我没有听到，你就会一直叫我，直到我听见为止，这个过程叫作同步；你叫我去吃饭后就去吃饭了，不管我是否和你一起去吃饭，而我得到消息后可能立即就走，也可能过段时间再走，这个过程叫作异步。

（4）调度功能。例如，在 NB-IoT 中，有多个用户同时使用网络资源，那么网络资源到底给谁用，每个用户到底分配多少资源，资源的使用方式是什么，这些信息的确定过程就是调度。调度由基站来决定，调度在 MAC 层中发生。

（5）调制与编码策略（MCS）。在 NB-IoT 中，调制是指数字调制，就是把比特信息按照一定方式捆绑成一个调制符号。例如，使用双相移键控（BPSK）调制时，一个比特信息就是一个调制符号；而使用四相移相键控（QPSK）调制时，两个比特信息就是一个调试符号。调制可以扩展信号的带宽，提高系统的抗干扰、抗衰落能力，提高传输的信噪比。编码指的是信道编码，由于移动通信存在干扰和衰落，在信号传输过程中会出现差错，所以必须采用纠错编码和检错编码技术处理数字信号，以增强数据在信道中传输时抵御各种干扰的能力，提高系统的可靠性。针对在信道中传输的数字信号进行的纠错编码和检错编码就是信道编码，信道编码通过增加冗余信息的方式来增加系统比特信息之间的相关性。在信道编码之前，系统数据之间没有任何关系，信道编码增加了系统数据之间的相关性。如果部分数据在无线传输过程中出现了错误，那么还能根据该相关性推断原始数据，这就是信道编码的纠错能力。添加的冗余信息越多，相关性就越大，容错能力就越高。信道编码会减少有用信息的传输，信道编码的过程是在信号源的数据码流中插入一些码元，从而达到在接收端检错和纠错的目的，这就是通常所说的开销。类似于运送一批玻璃杯，为了保证途中不出现玻璃杯破碎的情况，通常用泡沫或海绵等将玻璃杯包装起来，这种包装使玻璃杯所占的体积变大，原来一部车能装 5000 个玻璃杯，包装后就只能装 4000 个了，显然包装的代价是运送玻璃杯的有效个数减少了。同样，在带宽固定的信道中，总的传输码率也是固定的，由于信道编码增加了数据量，其结果只能以降低传输有用信息码率为代价了，所以不能一味地利用信道编码来提高信道可靠性。TBS 表示传输块（TB）的大小，TB 是 MAC 层和 PHY 层之间传输信道中最小的传输单位。TBS 是由 MAC 层决定的。

（6）重复次数。在 NB-IoT 中，为了保证数据接收的可靠性，允许同一个数据在不同的时间段多次重复发送，这样可以增强数据接收的可靠性。DRX 为非连续接收，无论基站或者系统处于空闲状态还是连接状态，都可以支持 DRX。DRX 技术的目的是省电，一大特性是低功耗。DRX技术意味着系统不是时时刻刻接收或者发送数据，而是隔一段时间接收或者发送一次数据，因此非常省电，这样就实现了低功耗。

（7）随机接入。随机接入的目的是建立 SRB 连接，换言之，建立 SRB 的第一步就是随机接入。

2.5 NB-IoT 的 PDCP 层和 RLC 层

1. PDCP 层

在 NB-IoT 中，PDCP 层的主要功能与组成如图 2-5-1 所示。

PDCP 层主要用于处理空口上承载网络层的分组数据，如 IP 数据流。

NB-IoT 网络 PDCP 层和 RLC 层

PDCP 分为两部分，即控制面协议和用户面协议，控制面协议的功能有两个，一个是加密，另一个是完整性检查。这里的加密是指以某种特殊的算法改变原有的信息数据，使得未授权的用户即使获得了已加密的信息，但因不知解密的方法，仍然无法了解信息的内容。在 NB-IoT 中，加密实际上就是对一个数据包进行算法处理，接收方要通过解密来获得数据信息，以此保证数据传输的可靠性。完整性检查是指检查发送或接收的数据是否完整。以上就是控制面协议的功能，也可将控制面协议的功能称为安全的上下文，它也属于 RRC 层中上下文里的一种，基站和终端在收发数据时，上下文的数据包必须是加密且有完整性保护的。用户面协议有加密功能，还有 IP 包头压缩、排序、重复检测功能。在 NB-IoT 中，一个 IP 数据包的包头大小是固定不变的，包头为几十个字节。当负载数据很小时，例如一个水表度数可以用 1个字节表示，而 IP 包头的开销比这种负载大得多，会对资源环境的使用或者资源的重复使用造成很大影响。因为包头的开销太大了，所以要对这个 IP 包头进行压缩，例如将 40 个字节压缩成 1个字节。这样可以减小开销，从而提高 NB-IoT 无线链路的性能或者系统的传输数据量。NB-IoT的资源有限，需要压缩 IP 包头来减小开销。用户面之所以要排序，是因为用户数据报协议（UDP）

数据包格式的传输层协议不具备报文排序的能力，从基站向 SGW 发送数据时，数据复用会导致乱序，继续传输数据会出现乱码，而 UDP 数据包格式的传输层协议不具备排序功能，所以相应的 PDCP 层就要具备排序功能。用户面的重复检测是指对 PDCP 层的数据包进行重复检测，用于防止数据的重复发送。

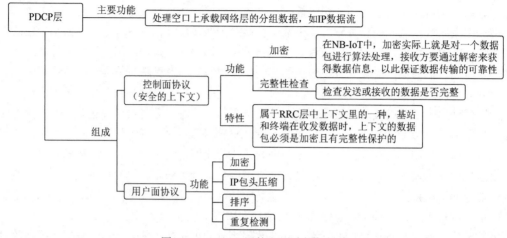

图 2-5-1　PDCP 层的主要功能与组成

　　这里需要注意，以前我们学习的 NB-IoT 体系结构有两种传输模式，即控制面传输模式和用户面传输模式。这两种传输模式的最大区别为从协议的角度来考虑，控制面传输模式是没有 PDCP 层的，也就没有相应的功能，只有用户面传输模式才有 PDCP 层。使用控制面传输模式传输数据时，空口协议上是没有 PDCP 层的，换言之，空口的数据传输是没有加密的，也没有完整性保护的功能。在 NB-IoT 中传输的数据都需要加密、完整性保护的相关安全措施，如密钥等都属于安全的上下文。安全的上下文是发起 RRC 层重建的前提，只有当终端有安全的上下文时，才能发起 RRC 层重建，也就是在有安全保障的网络中，由 SRB 重建无线链路。在采用控制面传输模式时，是没有 PDCP 层的，也就没有了安全的上下文，那么 RRC 层无法重建，即在采用控制面传输模式时，无线链路失败之后是不支持重建的。

2．RLC 层

　　在 NB-IoT 中，RLC 层的工作方式、数据传输模式与主要功能如图 2-5-2 所示。

　　RLC 层位于 PDCP 层和 MAC 层之间。它通过业务接入点（SAP）与 PDCP 层通信，并通过逻辑信道与 MAC 层通信。每个终端的每个逻辑信道都有一个 RLC 层实体。在 NB-IoT 的 RLC 层中，数据传输模式有两种，一种是 TM 模式，另一种是 AM 模式。TM 模式又名透传模式，所有TM 模式是在数据通过 RLC 层时不做任何处理，直接传输的。AM 模式又名确认模式，是指当发送端发送一个数据包到接收端时，接收端不管这个数据包正确与否，都要给发送端一个反馈。例如，如果接收端正确接收，那么返回一个接收成功响应；如果接收端不能正确接收，那么返回一个接收失败响应，发送端在接收到失败响应后，可以发起重传。RLC 层的分段是针对发送端的，任何无线通信的协议栈都有相应的数据传输单位，即一帧数据包的大小，一个数据包不可能很大，也不可能很小，数据包过大或者过小都会导致传输效率降低，所以要对数据包进行分段处理，PDCP 层传输的数据包大小是有规定的，如果从上层过来的数据包很大，超过了 RLC 层数据包的大小，那么必须对上层数据包进行分段处理。而从 MAC 层过来的数据包，也就是从底层过来的数据包，传输多少不是由底层自己决定的，是由其他层决定的。例如，在调度过程中，由 RLC 层决定数据包的大小，当数据包超过最大的规定范围时，发送端就会对其进行分段处理，而接收端在接收数据后会进行数据重组，在数据重组的过程中会涉及数据级联功能。RLC 层也具有纠错和重复检测功能，当 RLC 层的数据传输模式是 AM 模式时，接收端必须将接收的消息数据发送给发送端，并由发送端判断其正误。如果是错误的，发送端就会重传这个数据包来保证数据传输的可靠性。重复检测功能的原理与之前学习的 PDCP 层的重复检测功能完全一样，这里不再赘述。

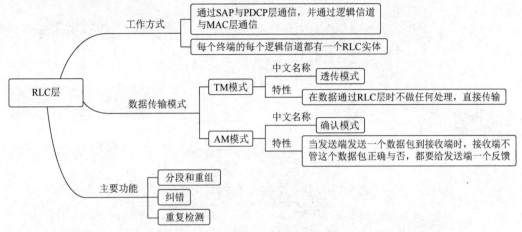

图 2-5-2　RLC 层的工作方式、数据传输模式与主要功能

2.6　NB-IoT 的 RRC 层

RRC 层即无线资源控制层，又被称为无线资源管理层或者无线资源分配层，是指通过一定的策略和手段进行无线资源管理、控制和调度，在满足服务质量要求的前提下，充分利用有限的无线资源，以确保到达规划的覆盖区域，尽可能地提高业务容量和资源利用率。

NB-IoT 网络的 RRC 层

在 NB-IoT 协议栈中，RRC 层以下的底层资源被称为无线资源。在终端和基站之间进行交互时，会建立一条无线通道，无线通道分为两类，即 SRB 和 DRB。控制面传输模式不存在 DRB，所以数据都通过 SRB 传输。SRB 和 DRB 都可以理解为终端和基站之间建立的无线通道。这个通道主要是由各层协调的，包含了各层的配置信息，并对各层的配置信息进行组合，数据在与 RRC 层协调之后才能进入这个通道传输。这个通道的建立过程实际上就是配置各层参数的过程。这些参数都由 RRC 层控制，RRC 层可以控制无线通道的建立，也可以控制无线通道的删除。

RRC 层的功能、无线通道种类与主要功能如图 2-6-1 所示。

RRC 层的主要功能如下。

（1）系统消息广播。系统消息是当前基站或者小区的基本属性，小区的基本属性包括当前小区的基本参数属性。系统消息由基站发送、终端接收。系统消息包含的基本参数有哪些呢？不同的无线通信网络的基本参数不同。例如，一个小区的用户要上网，上网的网络带宽就是通信网络系统消息中的一个基本参数。当用户的手机或者其他无线设备接入网络时，手机和其他无线通信设备的硬件参数也是系统消息的基本参数。对一个终端而言，终端上电的第一步是读取系统消息，这样终端才能接入小区网络，读取当前小区的基本信息，并配置相应的参数，通过发送请求让该小区提供相关服务，所以系统消息的接收是终端能够使用小区资源的前提。若没有系统消息验证，则无法进行后续的通信。若系统消息验证通过，则 RRC 层进行第二步，即接入公共陆地移动网

（Public Land Mobile Network，PLMN），PLMN用于标识运营商，例如通过不同的PLMN ID区分中国移动、中国电信、中国联通这三家运营商。除了可以区分运营商，PLMN还可以区分通信制式。例如，中国移动现在使用的LTE技术的PLMN ID是46000，PLMN ID用于标识中国移动管理的通信网络参数，是由移动的国家码和移动的网络码构成的，是全球唯一的。

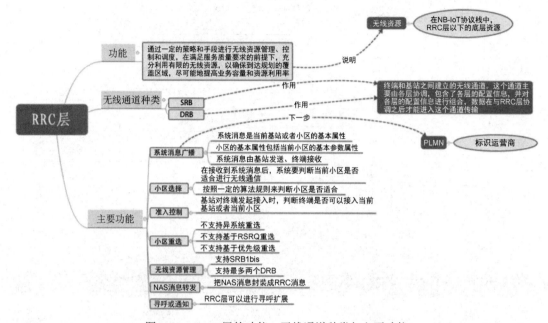

图2-6-1　RRC层的功能、无线通道种类与主要功能

（2）小区选择。系统消息广播接收系统消息，仅接收小区的系统消息是不够的，因为接收系统消息或者读取系统的条件时，网络信号很差，所以获取当前小区提供的服务时会出现问题。在小区接收到系统消息后，系统要判断当前小区是否适合进行无线通信。如果适合，那么在当前小区覆盖区域下通信；如果不适合，也就是信号很差，那么终端可以找到一个适合的小区驻留下来，进而让信号好的小区提供服务。这样的过程就叫作小区选择。小区选择按照一定的算法规则来判断小区是否适合。

（3）准入控制。准入控制是指基站在终端发起接入时，判断终端是否可以接入当前基站或者当前小区，如果当前基站或者当前小区很忙，已经有很多用户了，新的用户再接入进来可能就没有资源了，那么这时当前基站或者当前小区不允许新用户接入，这个过程就是准入控制。

（4）小区重选。小区重选是指终端在待机状态下或空闲状态下的行为，即更换小区为终端提供服务，或者更换小区来读取系统消息。

在空闲状态或者待机状态下，不能发送数据，能接收数据。如果要在新的小区下面发起接入，那么这部分系统消息就可以发生作用了，因为它包含了小区当前的基本参数信息。小区重选的第一个特点是不支持异系统重选，第二个特点是不支持基于RSRQ重选（RSRQ为参考信号的接收质量，与小区的负债有关），第三个特点是不支持基于优先级重选。

（5）无线资源管理。在NB-IoT中，无线资源其实就是SRB和DRB的资源，无线资源管理不仅支持SRB1bis，还支持最多两个DRB。

（6）NAS消息转发。在RRC层之上是NAS，RRC层的主要功能是把NAS消息封装成RRC消息。

（7）寻呼或通知。RRC层可以进行寻呼扩展。

2.7 NB-IoT 的 RRC 子层协议

RRC 层用于处理终端和 eNB 基站之间控制面的第三层信息，执行系统消息广播、寻呼、RRC 层连接管理、无线承载控制、无线链路失败恢复、空闲状态移动性管理等。

RRC 层为 NAS 提供连接管理、消息传递等服务，对接入网的底层协议进行参数配置，还负责向终端广播网络系统消息。为了建立终端的第一个信号连接，由终端的高层请求建立 RRC 连接。RRC 连接释放由高层发起释放请求，用于拆除最后的信号连接。如果 RRC 连接失败，RRC 层释放已经分配的资源，那么终端会要求重新建立 RRC 连接。对于已经建立的 RRC 连接，RRC 层可以重新配置无线资源，并进行与 RRC 连接相关的无线资源承载的协调。RRC 层可以从网络向选定的终端广播寻呼信息。网络侧的高层也可以发起寻呼和通知，在建立 RRC 连接的同时，也可以发起寻呼。

1．RRC 子层协议的状态

NB-IoT 的 RRC 子层协议有两种状态，分别是 RRC_Idle 空闲状态和 RRC_Connected 连接状态，如图 2-7-1 所示。

NB-IoT 网络的
RRC 子层协议

图 2-7-1　RRC 子层协议的两种状态

当终端和 eNB 基站之间建立或恢复连接时，终端从空闲状态切换到连接状态；当终端和 eNB 基站之间进行连接释放或连接挂起时，终端从连接状态切换到空闲状态。在空闲状态下，终端只有在位置区发生变化时才会占用空口。连接状态转换到空闲状态时，NB-IoT 的终端会尽可能保留连接状态下使用的无线资源分配和相关安全性配置，减少两种状态切换时所需的信息交换数量，以达到省电的目的。NB-IoT 在空闲状态下，可以获取系统消息，监听寻呼，以及发起连接状态的建立和恢复，在用户面传输模式下，终端和 eNB 基站之间保存 AS 上下文。NB-IoT 在连接状态下，执行资源调度、RRC 信令的接收和发送，在已建立的数据承载或信令承载上接收和发送数据，不支持小区切换、测量报告等，不监听寻呼消息和系统消息，不支持信道质量反馈。

2．RRC 连接的建立过程

RRC 连接的建立过程（见图 2-7-2）和 LTE 系统相似。

终端在空闲状态下通过 RRC 连接建立通信连接，RRC 连接的建立过程适用于控制面传输模式和用户面传输模式。在终端受到 RRC 连接建立过程的触发后，根据 NAS 的触发原因和系统消息中的接入限制信息，通过一系列检查来判断终端是否被允许接入小区。若允许接入小区，则执行 RRC 连接建立过程；若禁止接入小区，则通知 NAS RRC 连接建立失败。

3．RRC 连接的释放过程

RRC 连接的释放过程如图 2-7-3 所示。

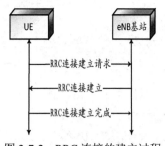

图 2-7-2　RRC 连接的建立过程

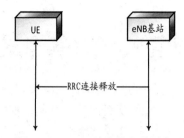

图 2-7-3　RRC 连接的释放过程

NB-IoT 的 RRC 连接释放或挂起过程和 LTE 系统相似。当 eNB 基站决定释放 RRC 连接时，eNB 基站通过下行逻辑信道（DL-DCCH）在 SRB1bis/SRB1 上发送 RRC 连接释放消息，该消息可携带重定向信息和扩展等待时间信息。当 RRC 连接释放时，RRC 连接释放消息会携带恢复 ID，并启动恢复进程，如果恢复成功，那么在更新密匙安全建立后，先前保留的连接状态下的无线承载也随之建立。当 eNB 基站决定挂起 RRC 连接时，eNB 基站通过下行逻辑信道在 SRB1 上发送 RRC 连接释放消息，该消息携带的释放原因是 RRC 挂起并携带恢复 ID，终端负责 AS 上下文挂起的相关操作。NB-IoT 的终端支持由 NAS 触发的 RRC 连接的主动释放，此时终端不需要通知 eNB 基站而直接进入空闲状态。

4．RRC 连接恢复成功的过程

RRC 连接恢复成功的过程如图 2-7-4 所示。

与 LTE 系统不同的是，NB-IoT 新增了挂起或恢复过程。当 eNB 基站释放连接时，eNB 基站会下达指令让 NB-IoT 终端进入挂起模式，该指令带有 1 组恢复 ID，此时终端进入挂起模式并保存当前的 AS 上下文。当终端需要再次进行数据传输时，只需要在连接恢复请求消息中携带恢复 ID，eNB 基站即可通过此恢复 ID 来识别终端，并跳过相关配置的信息交换，直接进行数据传输。在 NB-IoT 中，用户面传输模式下不使用 RRC 连接恢复过程。在终端受到 RRC 连接恢复过程的触发后，根据 NAS 的触发原因和系统消息中的接入限制消息，通过一系列检查来判断终端是否被允许接入小区。若允许接入小区，则执行 RRC 连接恢复过程；若禁止接入小区，则通知 NAS RRC 连接恢复失败。在终端接收到 RRC 连接恢复的消息后，NB-IoT 会根据保存的 AS 上下文恢复 RRC 层配置和安全上下文，重建 SRB1 和 DRB 上的 RLC 层实体，恢复 PDCP 层状态，重建 SRB1 和 DRB 上的 PDCP 层实体，恢复 SRB1 和 DRB，通过上行逻辑信道（UL-DCCH）在 SRB1 上发送 RRC 连接恢复完成消息。eNB 基站随后执行 eNB 基站和 MME 之间的 S1 控制面接口恢复过程。

5．RRC 连接的重配过程

RRC 连接的重配过程如图 2-7-5 所示。

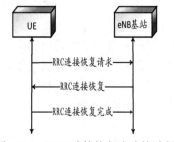

图 2-7-4　RRC 连接恢复成功的过程

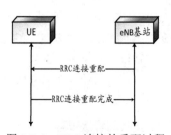

图 2-7-5　RRC 连接的重配过程

在 NB-IoT 的用户面传输模式下，RRC 连接的重配过程主要是在 AS 安全协议激活之后进行 DRB 的配置和相关参数的更新。在 RRC 连接恢复过程之后进行的 RRC 连接重配过程是可选的，目的是在 RRC 连接恢复过程中尽量减少空口消息的交互，以便降低终端的功耗。在 AS 安全协议激活之后，进入 RRC 连接重配过程，建立 DRB。

思政微课：半导体之星——黄昆

思考与练习

一、单选题

1. NB-IoT 体系结构的布局方案有两种，第一种是升级原有_____。（　　）

A．中心网　　　　　　　　　　　B．核心网

C．NB-IoT　　　　　　　　　　　D．PGW

2. 在 NB-IoT 的数据传输模式中，NB-IoT 在没有激活_____安全协议之前，不使用 PDCP 子层。（　　）

A．MME　　　　　　　　　　　　B．UE

C．AS　　　　　　　　　　　　　D．CP

3. 在 NB-IoT RRC 层的功能中，_____是指终端在待机状态下或空闲状态下的行为。（　　）

A．小区读取　　　　　　　　　　B．终端重置

C．资源管理　　　　　　　　　　D．小区重选

4. 在 NB-IoT RRC 层的功能中，_____用于标识运营商。（　　）

A．MME　　　　　　　　　　　　B．PLMN

C．CP　　　　　　　　　　　　　D．RPMA

5. NB-IoT 的 MAC 层有_____种基本功能。（　　）

A．8　　　　　　　　　　　　　　B．7

C．6　　　　　　　　　　　　　　D．5

6. NB-IoT 的_____层中有一个非常重要的功能——重复次数。（　　）

A．MME　　　　　　　　　　　　B．MAC

C．CP　　　　　　　　　　　　　D．RRC

二、多选题

1. NB-IoT 体系结构分为 5 部分，分别是 NB-IoT_____、NB-IoT 基站、NB-IoT_____，NB-IoT 互联网平台及 NB-IoT 应用服务器。（　　）

A．终端　　　　　　　　　　　　B．前端

C．核心网源　　　　　　　　　　D．网源

2. 在控制面传输模式下，_____和_____基站间的数据交换在 RRC 子层上完成。（　　）

A．MME　　　　　　　　　　　　B．UE

C．eNB　　　　　　　　　　　　D．GCC

3. 在控制面传输模式下，下列属于 RRC 连接建立时的特征的是_____。（　　）

A．不使用 DRB　　　　　　　　　B．不使用 AS 安全协议

C．使用 DRB　　　　　　　　　　D．使用 AS 安全协议

4. RRC 层即无线资源_____层，又被称为无线资源_____层或者无线资源_____层。（　　）

A．制造 　　　　　　　　　　　B．控制

C．管理 　　　　　　　　　　　D．分配

三、判断题

1．在 NB-IoT 体系结构中部署的一个 C-SGN 方案中，基站在与其他设备、网络进行数据传输时，物联网平台或直连服务器也都由一个网源完成信息交互。（　　）

2．当 NB-IoT 中的终端只支持控制面传输模式时，终端就会使用 PDCP 子层。（　　）

第3章

NB-IoT 的数据传输

工程师视角——
NB-IoT 发展之路

本章内容简介

NB-IoT 定位于运营商级，基于授权频谱的低速率物联网市场，是一个窄带宽、低速率的数据传输系统。为了能够与传统 LTE 系统兼容，NB-IoT 支持三种部署模式。NB-IoT 实现了低功耗特性，在 LTE 系统 DRX 的基础上进行了优化，采用功耗节省和增强型非连续接收（eDRX）这两种低功耗工作模式。

本章主要介绍 NB-IoT 的数据传输，包括 NB-IoT 的部署模式、低功耗工作模式、随机接入过程、系统消息传输过程、调度和速率控制等。

课程目标

知识目标	（1）熟悉 NB-IoT 数据传输的基础知识
	（2）熟悉 NB-IoT 调度和速率控制的方法
	（3）了解 NB-IoT 部署的应用场景
技能目标	（1）能够掌握 NB-IoT 数据传输的基础知识
	（2）能够掌握 NB-IoT 调度和速率控制的方法
素质目标	通过自主查阅资料，了解 NB-IoT 数据传输的基础知识，提高辩证唯物主义的思维能力
思政目标	学习华为精神，坚定科技强国、技能强身的学习信念
重难点	NB-IoT 的数据传输
学习方法	自主查阅、类比学习、头脑风暴

3.1　NB-IoT 的部署模式

全球大多数运营商选择低频部署 NB-IoT，这样可以有效地降低基站数量，加快深度覆盖。对运营商而言，NB-IoT 支持三种部署模式（见图 3-1-1），分别是独立部署模式、保护带部署模式、带内部署模式。

NB-IoT 网络部署模式

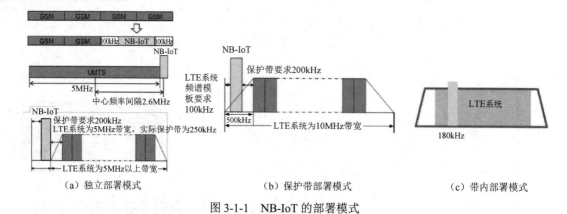

（a）独立部署模式　　　　　　　（b）保护带部署模式　　　　　　　（c）带内部署模式

图 3-1-1　NB-IoT 的部署模式

其中，在独立部署模式下，系统带宽为 200kHz；在保护带部署模式下，可以在 5MHz、10MHz、15MHz、20MHz 的 LTE 系统带宽下部署；在带内部署模式下，可以在 3MHz、5MHz、10MHz、15MHz、20MHz 的 LTE 系统带宽下部署。NB-IoT 和 LTE 系统一样，信道栅格要求 LTE 系统载波的中心频率必须为 100kHz 的整数倍。在独立部署模式下，NB-IoT 载波的中心频率是 100kHz 的整数倍；在带内部署模式和保护带部署模式下，NB-IoT 载波的中心频率和信道栅格之间会有偏差，偏差分别为 ±7.5kHz、±2.5kHz。在保护带部署模式下，为了降低 LTE 系统和 NB-IoT 之间的干扰，要求 LTE 系统带宽边缘与 NB-IoT 带宽边缘的频率间隔为 15kHz 的整数倍。NB-IoT 在独立部署模式下的信道间隔为 200kHz；在带内部署模式和保护带部署模式下，两个相邻的 NB-IoT 载波间的信道间隔为 180kHz。

（1）独立部署模式如图 3-1-1（a）所示。

独立部署模式是指将 NB-IoT 部署在传统的 2G 频谱或其他离散频谱下，利用现有网络的空闲频谱或新的频谱，不与现行 LTE 系统形成干扰。独立部署模式是最简单的部署模式，但需要一段自己的频谱。独立部署模式使用独立的 200kHz 系统带宽部署 NB-IoT 载波，而 NB-IoT 真正使用的是 180kHz 传输带宽，两边各留 10kHz 的保护带。这种部署场景对有 GSM 频谱资源的运营商来说比较方便，相当于使用一个独立 GSM 频点即可满足 NB-IoT 的部署需求。

（2）保护带部署模式如图 3-1-1（b）所示。

保护带部署模式是指将 NB-IoT 部署在 LTE 系统频谱边缘的保护频段上，使用较弱的信号强度，可以最大化地利用频谱资源。保护带部署模式的优点是不需要一段自己的频谱，缺点是可能与 LTE 系统形成干扰。LTE 系统在带宽的两端都存在保护带，例如，20MHz 带宽的 LTE 系统实际占用 100 个资源块（RB），带宽两边各有 1MHz 的保护带，NB-IoT 载波使用的 180kHz 传输带宽位于 LTE 系统的保护带内。对无 GSM 频谱、只有 LTE 系统频谱的运营商来说，这是一种比较容易的部署方案。为了降低 NB-IoT 和 LTE 系统之间的干扰，以及 LTE 系统和 NB-IoT 对带宽外的干扰，并满足终端对信道栅格的要求，在保护带部署带宽内，NB-IoT 中心频率的部署不可任意使用。若 LTE 系统带宽小于 5MHz，则不能将 NB-IoT 载波部署在 LTE 系统保护带内。

（3）带内部署模式如图 3-1-1（c）所示。

带内部署模式是指将 NB-IoT 部署在 LTE 系统带内的一个 PRB 上，NB-IoT 的工作载波通常选择低频段，如 700MHz、800MHz 和 900MHz 等。因为在低频段有更高的覆盖率，并且有较好的传播特性，在室内环境中能有更高的渗透率。

在带内部署模式下，为了避免干扰，NB-IoT 频谱和相邻 LTE 系统资源块的功率谱密度应不超过 6dB。由于功率谱密度的限制，在带内部署模式下，NB-IoT 的覆盖相比其他场景更受限。例如，相比独立部署模式或保护带部署模式，带内部署模式需要更长的时间来获取同步和解码下行广播信道。带内部署模式以 LTE 系统的一个 PRB 为 NB-IoT 载波，在 LTE 系统中进行上行链路、下行链路调度时，不能使用这个独特的 PRB。在这个 PRB 内，LTE 系统不能占用标准格式指示位（CFI）指示的控制域符号数、小区专用参考信号（CRS）等。为了避免 NB-IoT 和 LTE 系统之间互相干扰，要对两者的功率偏差加以限制。在带内部署模式下，NB-IoT 和 LTE 系统之间存在一定的耦合关系，同时 NB-IoT 的容量覆盖受到了限制。接下来比较 NB-IoT 的部署模式（见表 3-1-1）。为了提高 NB-IoT 的市场需求，三种部署模式的设计要符合一致性原则，但带内部署模式和保护带部署模式需要特别考虑与 LTE 系统的兼容性。在独立部署模式或保护带部署模式下，假定非锚载波 PRB 没有下行同步和系统消息开销，NB-IoT 支持的最大数据传输速率在上行链路上为 64kbit/s，在下行链路上为 27.2kbit/s。

表 3-1-1　NB-IoT 的部署模式比较

	独立部署模式	保护带部署模式	带内部署模式
频谱	独占频谱，不需要考虑与现有系统的兼容问题	需要考虑与 LTE 系统的兼容问题，如干扰规避、射频指标等	需要考虑与 LTE 系统的兼容问题，如干扰规避、射频指标等
带宽	限制较少	不同的 LTE 系统带宽所对应的可用保护带宽也不同，可用于 NB-IoT 的频域位置也比较少	要满足中心频率为 300kHz 的需求
兼容性	独占频谱，限制较少	需要与 LTE 系统兼容	需要考虑与 LTE 系统的兼容问题，如避开物理下行控制信道区域、信道状态信息参考信号（CSI-RS）、PRS、LTE 系统同步信道和物理广播信道（PBCH）、CRS 等
覆盖范围	满足协议覆盖要求，覆盖范围最大	满足协议覆盖要求，覆盖范围较小	满足协议覆盖要求，覆盖范围最小
容量	大于基站覆盖用户为 20 万个/小区的终端，能满足每个小区 5 万个用户终端的容量目标	大于基站覆盖用户为 20 万个/小区的终端，能满足每个小区 5 万个用户终端的容量目标	大于基站覆盖用户为 7 万个/小区的终端，能满足每个小区 5 万个用户终端的容量目标，支持容量较小
传输时延	满足协议时延要求，时延最小	满足协议时延要求，时延较大	满足协议时延要求，时延最大

3.2　NB-IoT 的低功耗工作模式

NB-IoT 聚焦于传输间隔大、数据量小、速率小、时延不敏感等应用场景，因此 NB-IoT 设备功耗非常小。

NB-IoT 的低功耗工作模式

NB-IoT 在 LTE 系统 DRX 的基础上进行了优化，采用省电模式（PSM）和 eDRX 两种模式。这两种模式都是由 UE 发起请求，并与 MME 核心网协商的方式来确定的。用户可以单独使用 PSM 和 eDRX 模式中的一种，也可以两种都激活。

（1）PSM 如图 3-2-1 所示。

在 NB-IoT 中，在空闲状态下再增加一个新的 PSM，UE 射频被关闭，相当于关机状态，但是核心网侧还保存着用户上下文，用户进入空闲状态或连接状态时无须再建立附着 PDN。下行数据不能到达，在数字数据网络（DDN）到达 MME 之后，MME 通知 SGW 缓存用户下行数据并延迟触发寻呼；当上行链路有数据或信令需要发送时，触发 UE 进入连接状态。当 UE 处于 PSM 时，不再监听寻呼消息，并且停止所有 AS 的活动。如果有被叫业务，那么网络需要支持大时延通信的功能。为了支持 PSM，UE 在每次附着或 TAU 时，向网络侧请求激活定时器的时长。UE 何时进入 PSM 及其驻留的时长由核心网和 UE 协商决定。如果设备支持 PSM，那么可以在附着或 TAU 过程中，向网络申请一个激活定时器。当设备从连接状态转换到空闲状态时，该定时器开始运行。在定时器超时后，设备进入 PSM。设备进入 PSM 后，不再接收寻呼消息，设备看似和网络失联，但其仍然注册在网络中。UE 在进入 PSM 后，只有在 UE 需要发送数据或者周期性 TAU 定时器超时后需要执行周期性 TAU 过程时，才会退出 PSM。PSM 的优点是可实现长时间休眠，缺点是对 UE 接收业务的响应不及时，因此主要应用于远程抄表等对下行链路实时性要求不高的业务。实际上，物联网设备的通信需求和手机是不同的，物联网应用大多是发送上行数据包，并且是否发送数据包由 UE 决定，不需要随时等待网络的呼叫，但是手机需要时刻等待网络发起的呼叫请求。若按照 2G、3G、4G 的方式设计物联网通信方式，则意味着物联网的设备行为也和手机一样，会将大量的功耗浪费在监听网络随时可能发起的请求上，这样就无法实现较低的功耗。在 PSM 下，要发送上行数据或信令消息时，UE 才进入连接状态。因此，PSM 只适用于数据传输不频繁的业务，并且针对被叫业务能接受相应的时延。若终端想更改激活定时器的时长，则可通过 TAU 来实现。

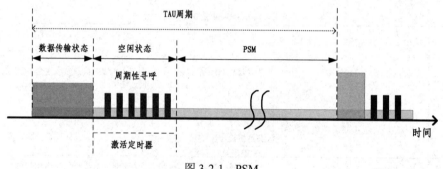

图 3-2-1 PSM

（2）eDRX 模式如图 3-2-2 所示。

eDRX 模式是 Rel-13 版本的 NB-IoT 核心标准中新增的模式，采用该模式的主要目的是支持更长周期的寻呼监听，从而达到省电的目的。传统的 2.56s 寻呼间隔对 UE 的电量消耗较大，而在下行数据的发送频率较小时，通过核心网和终端的协商配合，终端跳过大部分的寻呼监听，可以达到省电的目的，终端和核心网通过附着和 TAU 过程来协商 eDRX 的长度。eDRX 模式的省电效果比 PSM 差一些，但是大幅度提升了下行链路的可到达性。在空闲状态下，UE 主要监听寻呼信道和广播信道。如果要监听数据信道，就必须从空闲状态切换到连接状态。寻呼 DRX 由 NAS 控制，并对周期进行扩展，以支持在覆盖增强场合下的寻呼信道接收。在连接状态下，由于可能要增强覆盖，重复发送的次数由 eNB 基站动态配置，因此 eDRX 模式的定时器全部采用物理下行链路控制信道（PDCCH）时间间隔，取消了 DRX 短周期的功能。若数据传输超时，则 UE 启动 eDRX 模式定时器。为了协助基站 eNB 寻呼 UE，MME 在寻呼消息中携带 eDRX 模式周期长度。如果 eDRX 周期长度为 5.12s，那么网络使用正常的寻呼策略。如果 eDRX 周期长度不小于 10.24s，那么使用下述策略：若 UE 决定请求 eDRX 模式，则 UE 在附着请求消息或 TAU 请求消息中携带请求使用的 eDRX 参数，包括空闲状态 DRX 长度等。由 MME 决定是否接受 UE 激活 eDRX 模式的请求。如果 MME 接受使用 eDRX 模式，那么 UE 应根据接收到的 eDRX 长度和寻呼时间窗

（PTW）长度使用 eDRX 模式。当服务 GPRS 支持节点 SGSN/MME 拒绝 UE 的请求或 SGSN/MME 不支持 eDRX 模式时，附着接受或 TAU 接受消息中没有 eDRX 参数，UE 使用正常的 DRX 机制。如果 UE 希望继续使用 eDRX 参数，那么 UE 应在每个 TAU 消息中携带 eDRX 参数。当 UE 发生从 MME 到 MME、从 MME 到 SGSN 或者从 SGSN 到 MME 的移动时，旧核心网节点向新核心网节点发送的移动性管理上下文中不包括 eDRX 参数。在 eDRX 模式下，UE 收听寻呼的时间间隔比 DRX 模式大了很多，最高可以达到 2.91h，即 UE 可以每隔 2.91h 收听一次寻呼，以达到省电的目的。

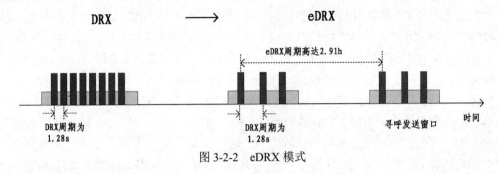

图 3-2-2　eDRX 模式

3.3　NB-IoT 的随机接入过程

与 LTE 系统类似，NB-IoT 使用随机接入过程来实现 UE 初始接入网络，并完成上行链路的同步过程，如图 3-3-1 所示。

在 3GPP 组织发布的 Rel-13 版本的 NB-IoT 核心标准中，UE 支持基于竞争的随机接入，但是仍旧保留窄带物理下行链路控制信道（NPDCCH）触发的窄带物理随机接入信道（NPRACH），通过下行链路控制信息（DCI）格式的 N1 来指示，在 DCI 中给出 NPRACH 的初始子载波位置和重复次数。UE 通过小区搜索实现频率和符号同步，获取系统信息块（SIB）的信息，启动随机接入过程，建立 RRC 连接。当 UE 返回 RRC_Idle 空闲状态时，若需要发送数据或者接收寻

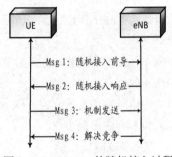

图 3-3-1　NB-IoT 的随机接入过程

呼，则会再次启动随机接入过程。UE 产生随机接入前导的方式与 LTE 系统不同，不再需要前导索引来生成随机接入前导序列，而是采用默认的全 1 序列。

UE 通过 Msg 1 传输随机接入前导，通过 Msg 2 传输随机接入响应，通过 Msg 3 传输 MAC 子层和 RRC 子层的消息，Msg 3 包含 1 个物联网比特，用于指示该 UE 是否支持多子载波传输模式，UE 则通过 Msg 4 解决竞争。

对于 NB-IoT 中的 UE，基于竞争的随机接入过程如下。

（1）在锚点载波上执行随机接入过程。

（2）在恢复 RRC 连接的过程中，携带恢复 ID，用于恢复 RRC 连接。

（3）在建立 RRC 连接的过程中，包含在 SRB 或 DRB 上传输数据量的指示消息。

NB-IoT 系统的随机接入过程

基于竞争的随机接入过程有以下 4 个步骤。

步骤 1：在上行链路中，NB-IoT 在随机接入信道（RACH）上产生随机接入前导。这个步骤会产生两个可能被定义的组，其中一个是可选的。若两个组都已经被配置，则由 Msg 3 的大小和路径损耗来决定前导选自哪一个组。前导所属的组提供了 Msg 3 大小的指示及 UE 的无线通信条件。前导组信息连同必需的阈值在系统消息中进行广播。

步骤 2：在下行共享信道（DL-SCH）上，由 MAC 子层产生随机接入响应。这个响应的第一个特征是与 Msg 1 半同步，半同步是指在一个弹性窗口内，该窗口的大小是一个或更多的 TTI；第二个特征是该响应没有 HARQ；第三个特征是响应信息寻址到 NPDCCH 上的随机接入无线网络临时标识（RA-RNTI）；第四个特征是该响应至少传输 RA 前导标识、P-TAG 的时间对准信息、初始上行授权和小区无线网络临时标识（C-RNTI）的分配，这些基于竞争的决议可以是永久定义的，也可以不是；第五个特征是该响应计划用于一个 DL-SCH 消息中可变的 UE 数量。

步骤 3：在上行共享信道（UL-SCH）上的第一次上行过程中进行调度传输。该调度传输要使用 HARQ，其 TBS 取决于步骤 2 中传输的上行授权。初始接入时，NB-IoT 传输 RRC 连接请求，该请求由 RRC 子层产生并通过公共控制信道（CCCH）传输，至少传输 NAS 用户终端身份标识，但是不传输 NAS 的其他消息，并且不划分 RLC 层的 TM 模式。在 RRC 连接的重建过程中，传输 RRC 连接重建请求，该请求由 RRC 子层产生并通过 CCCH 传输，不划分 RLC 层的 TM 模式，不传输任何 NAS 消息。切换传输模式之后，目标小区中的 NB-IoT 将传输被加密和完整保护的切换确认消息，该切换确认消息由 RRC 子层产生并通过专用控制信道（DCCH）传输，且传输 UE 的 C-RNTI。

C-RNTI 的数据信息通过切换命令分配，系统可能会发送包括上行缓冲的状态报告。对于其他事件，上行链路调度传输至少传输 UE 的 C-RNTI。在 NB-IoT 恢复连接的过程中，传输恢复 ID 以便恢复连接；在 NB-IoT 建立连接的过程中，可以有后续在 SRB 或者 DRB 上传输数据量的指示消息。

步骤 4：在下行链路上进行竞争决议。

步骤 4 的特点如下。

（1）使用早期的竞争决议，即 eNB 基站在决定竞争之前不会等待 NAS 的回复。

（2）与 Msg 3 不同步。

（3）支持 HARQ。

（4）NB-IoT 为初始接入，在无线链路失败之后，C-RNTI 承载在 PDCCH 上。

（5）对于连接状态的 UE，C-RNTI 承载在 PDCCH 上。

正如在 Msg 3 中提出的，HARQ 反馈仅由 UE 传输，该 UE 探测自己的身份标识，在竞争决议消息中予以回应。对于初始接入和连接重建过程，不使用 RLC 子层的 TM 模式。当 C-RNTI 被升级为 UE 的 C-RNTI 时，若该 UE 探测 RA 成功且没有 C-RNTI，则被降级；若 UE 探测 RA 成功且已经具有 C-RNTI，则恢复使用它的 C-RNTI。配置 DC 时，竞争随机接入过程的前 3 个步骤在主小区组（MCG）中的 PCell 上和辅小区组（SCG）的 PSCell 上发生。

在 Rel-13 版本的 NB-IoT 核心标准中，NB-IoT 采用 E-UTRAN 随机接入过程，其功能与 LTE 系统的主要区别如下。

（1）不支持切换触发的随机接入过程。

（2）不支持连接状态，NB-IoT 的随机接入过程以定位为目的。

（3）不支持基于非竞争的随机接入过程。

3.4 NB-IoT 的系统消息传输过程

NB-IoT 中的 UE 为什么需要接收系统消息呢？因为 UE 需要获取当前小区提供服务的第一步，只有接收了系统消息，才能使用当前小区的一些资源，又因为参数信息是保存在系统消息里面的，所以 UE 在开机之后，先读取系统消息，再进行其他流程。系统消息的接收实际上由 UE 在 RRC 层中进行，通过系统消息的接收提取包含的参数，对 UE 的 L2 和 L1 层进行配置，配置当前 UE 对应的基本属性，此后才能获取当前小区 NB-IoT 所提供的服务，NB-IoT 的系统消息传输过程如图 3-4-1 所示。其中，NPBCH 是指窄带物理广播信道，MIB 是指主信息块，NPDSCH 是指窄带物理下行共享信道。

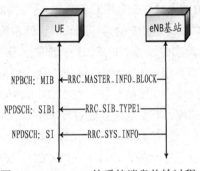

NB-IoT 网络系统
消息传输过程

图 3-4-1　NB-IoT 的系统消息传输过程

NB-IoT 中的小区可以独立定义系统消息，不同小区的系统消息可以是不一样的，也就是换一个小区后，一定要重新读取系统消息，并重新对 UE 的 L2 和 L1 层进行配置，这样才能进行后续的接入和驻留。接收系统消息是 UE 进行后续流程的前提，系统消息分为两大类，分别是 MIB 和 SIB（7 个），包含了当前小区的一些参数，MIB 是由 NPBCH 承载的，SIB 是由 NPDSCH 承载的。系统消息的接收顺序是先接收 MIB，再接收 SIB1，最后接收其他系统消息，具体取决于 NB-IoT 规定的逻辑顺序关系。系统消息的一些约束条件实际上就是系统消息的调度。例如，MIB 的调度周期实际上就是 NPBCH 的配置周期，即 640ms，NPBCH 是在每个无线子帧中的 0 号子帧上配置的，是固定的。UE 根据相应的时域和频域等基本信息就可以解析消息数据。SIB1 的调度周期是 2560ms。7 个 SIB 又分为两类，一类是 SIB1，另一类是其他 SIB，SIB1 和其他 SIB 被放在两条不同的消息名称里下发，其他 SIB 都用 SI 的这条消息下发，但这些 SIB 的调度周期是可以独立配置的，只有周期配置相同的 SIB 才有可能被放在同一条 SI 里发送。MIB 的位置是固定的，都固定在 0 号子帧上，MIB 在 SIB1 里面，先读取 MIB，再读取 SIB1，也只有读取了 SIB1，才有可能读取其他 SIB，这是 UE 读取系统消息的方式。NSIB1（NSIB 窄带系统信息块）是系统消息的一个 TB，在 8 个子帧上传输，即传输一个 TB 或者 NSIB1 需要 8ms，无线帧的 4 号子帧用于传输 NSIB1。不是每个小区都涉及 NSIB 的传输，有的小区是没有无线帧的，窄带管理信息块（NMIB）里面会明确指明。窄带定序信息帧（NSI）调度信息在 NSIB1 中有指示，SI 的 1 个 TB 在 2 个或 8 个连续的有效下行子帧上传输，NSI 调度信息仅在有效下行子帧上传输，NSIB1 以外的其他 SIB 也承载在 NSI 调度信息中传输，TBS 可以配置为 56、120、256、440、552、680bit。如果 TBS

≤120bit，那么 SIB 在 2 个连续的有效下行子帧上传输；如果 TBS>120bit，那么 SIB 在 8 个连续的有效下行子帧上传输。在 NB-IoT 中的 UE 上，系统消息的时效性是 24h，在 24h 之内，UE 不再读取系统消息。如果在此期间系统消息有变更，那么必须通知 UE，系统会发出寻呼指示或者通过 MIB 中包含的系统消息变化标识位来通知 UE 系统消息发生了变更，UE 重新读取系统消息。在小区重选之后，没有覆盖或重新进入覆盖区域都需要重新读取系统消息。

3.5　NB-IoT 的调度和速率控制

NB-IoT 网络调度
和速率控制

为了高效利用共享传输信道（SCH）资源，NB-IoT 在 MAC 层中使用调度功能，根据调度操作、调度决策的信号传输和支持调度操作的量度描述调度。NB-IoT 有以下 3 种调度和速率控制方式。

（1）基本调度操作。对于基本调度器的上行链路调度，NB-IoT 支持上行链路调度信息在 NPDCCH 上传输，调度的上行数据在窄带物理上行共享信道（NPUSCH）上传输。NPUSCH 的传输时长是可变的，该时长以子帧数量为单位。传输时长对 NPDCCH 来说是半静态的，对 NPUSCH 来说是作为 NPDCCH 上调度信息的一部分来指示的。相较于 NPDCCH，NPUSCH 的开始时间被作为调度信息的一部分。对于基本调度器的下行链路调度，NB-IoT 支持下行链路调度信息在 NPDCCH 上传输，调度的下行数据在 NPDSCH 上传输。NB-IoT 仅支持跨子帧调度，不支持跨载波调度。NPDCCH 和 NPDSCH 的传输时长是可变的，该时长以子帧数量为单位。传输时长对 NPDCCH 来说是半静态的，对 NPDSCH 来说是作为 NPDCCH 上调度信息的一部分来指示的，相较于 NPDCCH，NPDSCH 的开始时间被作为调度信息的一部分。

（2）上行链路调度。在上行链路中，E-UTRAN 能够经由 PDCCH 上的 C-RNTI 向每个 TTI 处的 UE 动态分配 PRB 和 MCS。UE 监控 PDCCH，以在其启用上行链路接收时找到可能的配置，这个配置是由 eDRX 模式掌控的。

在 UE 具有准持续上行链路资源的子帧中，如果 UE 不能在 PDCCH 上找到 C-RNTI，那么根据 UE 已在 TTI 中指派的准持续分配的上行链路发送。网络根据预限定的 MCS 对预限定 PRB 进行解码，否则，在 UE 具有准持续上行链路资源的子帧中，如果 UE 可以在 PDCCH 上找到其 C-RNTI，那么 PDCCH 分配优先于该 TTI 的准持续分配，且 UE 先发送遵从 PDCCH 分配而非准持续分配，再发送隐性分配。在此种情况下，UE 使用准持续上行链路分配，或经由 PDCCH 被显性地分配，不遵从准持续分配。当 UE 在一个 TTI 的多个伺服单元中具有有效的上行链路授权时，在逻辑通道优先处理授权的顺序，并由 UE 决定是否执行联合处理或串行处理操作。类似地，对下行链路而言，准持续上行链路资源仅用于 PCell，并且仅有用于 PCell 的 PDCCH 分配可优先于准持续分配。配置 DC 时，准持续上行链路资源仅用于 PCell 或 PSCell，仅有用于 PCell 的 PDCCH 分配可优先于用于 PCell 的准持续分配，仅有用于 PSCell 的 PDCCH 分配可优先于用于 PSCell 的准持续分配。

对于 NB-IoT，上行数据的调度信息在 NPDCCH 上发送，调度的上行数据在 NPUSCH 上发送。用于 NPUSCH 的多个子帧的发送持续时间是可变的，多个子帧的发送持续时间对 NPDCCH 而言是准静态的，且其中包含的信息为 NPDCCH 上发送的调度信息的一部分，NPUSCH 相较于 NPDCCH 的开始时间被作为调度信息的一部分进行信号传输。

（3）下行链路调度。E-UTRAN 可对于第一个 HARQ 发送向 UE 分配准持续下行链路资源，分配的资源有两种，第一种用于限定准持续下行链路授权的周期性；第二种用于 PDCCH 指示下行链路授权是否准持续，即是否可根据限定的周期性在随后的 TTI 中隐性地再使用。

在 UE 具有准持续下行链路资源的子帧中，若 UE 不能在 PDCCH 上找到 C-RNTI，则根据 UE 已在 TTI 中指派的准持续分配的下行链路发送。否则，在 UE 具有准持续下行链路资源的子帧中，若 UE 可以在 PDCCH 上找到 C-RNTI，则 PDCCH 分配优先于该 TTI 的准持续分配，且 UE 不对准持续资源进行解码。配置 DC 时，准持续下行链路资源仅用于 PCell 或 PSCell。其中，仅有用于 PCell 的 PDCCH 分配可优先于用于 PCell 的准持续分配，仅有用于 PSCell 的 PDCCH 分配可优先于用于 PSCell 的准持续分配。

对于 NB-IoT，下行数据的调度信息在 NPDCCH 上发送，调度的下行数据在 NPDSCH 上发送。下行链路仅支持跨子帧调度，不支持跨载体调度。用于 NPDCCH 和 NPDSCH 的多个子帧的发送持续时间是可变的，多个子帧的发送持续时间对 NPDCCH 而言是准静态的，且其中包含的信息为 NPDCCH 上发送的调度信息的一部分，NPDSCH 相较于 NPDCCH 的开始时间被作为调度信息的一部分进行信号传输。

3.6　NB-IoT 的上行传输机制

NB-IoT 的 PHY 层相比 LTE 系统进行了大量的简化和修改，包括多址接入方式、工作频段、帧结构、调制解调方式、天线端口、小区搜索、同步过程、功率控制等方面。NB-IoT 物理信道分为上行物理信道和下行物理信道，重新定义了重要的窄带主同步信道（NPSS）和窄带辅助同步信道（NSSS），目的是简化 UE 的接收机设计。

NB-IoT 网络上行
传输机制

上行物理信道的传输机制：在 NB-IoT 的上行物理信道中，对于信号覆盖较好的 UE，将为其调度带宽为 15kHz 的子载波，提升其吞吐量，以缩短业务对资源的占用时间，将资源调度给更多的 UE 使用。此外，也可以将多个连续的带宽为 15kHz 的子载波绑定在一起，再调度给单个 UE 使用，以提高业务速率，这种模式被称为多子载波传输模式。在 NB-IoT 的上行物理信道中，对于信号覆盖较差的 UE，如位于小区边缘的 UE，将为其调度 1 个子载波甚至较窄的 3.75kHz 载波，以便其在更窄带宽的载波上发送消息，收获更高的发送性能，这种传输模式被称为单一传输模式。此外，单一传输模式的上行发送功能可以提供更低的峰值平均功率比（简称峰均比，PAPR），从而提高发射机效率。综上，NB-IoT 的上行物理信道是基于 15kHz 和 3.75kHz 这两种子载波间隔设计的，分为单一传输模式和多子载波传输模式。若上行链路的子载波间隔为 15kHz，则有 12 个连续的子载波；若上行链路的子载波间隔为 3.75kHz，则有 48 个连续的子载波。NB-IoT 上行物理信道的多址接入技术采用子载波频分多址（SC-FDMA）技术。在单一传输模式（Single-tone 传输模式）下，一次上行传输只分配一个 15kHz 或 3.75kHz 的子载波；在多子载波传输模式下，一次上行传输支持 1 个、3 个、6 个、12 个子载波的传输模式；单一传输模式和 3.75kHz 子载波间隔的引入是为了提高信号覆盖较差的单用户的功率谱密度，以提高接收性能。同时，信号覆盖较差的用户仅占用很小的带宽，其余带宽可以服务于其他用户，因此功率谱密度技术可以提高系统上行小区的吞吐量。为了减小调度开销，NB-IoT 上行传输引入了更长的 TTI。表 3-6-1 所示为 NB-IoT 上行传输的子载波特点，其中，RU 是指资源单元。

表 3-6-1　NB-IoT 上行传输的子载波特点

NPUSCH 格式	子载波间隔 /kHz	每个 RU 的子载波数目/个	每个 RU 的时隙数目/个	每个 RU 的 TTI/ms	每个时隙的符号	NPUSCH 调制方式
格式 1	3.75	1	16	32		π/2-BPSK
	15	1	16	8		π/4-QPSK
		3	8	4	7	QPSK
		6	4	2		
		12	2	1		
格式 2	3.75	1	4	8		π/2-BPSK
	15	1	4	2		π/4-QPSK

为了降低 UE 的复杂度，NB-IoT 仅支持单根天线或 2 根下行发送天线采用空频分组编码（SFBC）技术的传输模式，并且 NB-IoT 中的 UE 仅支持半双工频分复用（HD-FDD），在 Rel-13 版本的 NB-IoT 核心标准中，仅支持 1 个 HARQ 进程。为了减小时延和降低功耗，在 Rel-14 版本的 NB-IoT 核心标准中，引入了 2 个 HARQ 进程，以支持更大的 TB。NB-IoT 可以通过一个小区同时在多个载波上提供服务，但 NB-IoT 中的 UE 同一时间只能在一个载波上收发数据。

在设计 15kHz 的子载波时，将网络最小 RU 的带宽从传统 LTE 系统的 180kHz 缩小至 15kHz，这样相同的物理带宽资源就可以调度给更多的 UE 使用。NB-IoT 由此实现了超大容量。仿真结果显示，NB-IoT 的每个小区可以满足 5 万台 UE 的数据连接需求。对于极端覆盖情况，上行信号的传输时间会长达数秒，由于 NB-IoT 为半双工系统，它在上行链路传输时不会与下行链路同步，因此随着时间的累积可能会出现频率偏移，从而影响性能。NB-IoT 引入上行传输间隔，使信号在 UE 上传输一定时间后，可以返回下行链路矫正频率偏移，再继续进行上行传输。图 3-6-1 所示为上行传输间隔示意图。

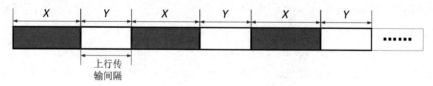

图 3-6-1　上行传输间隔示意图

传输 X 后，引入 1 个间隔 Y，若最后 1 次传输的时间为 X，则在上行传输后，同样引入 1 个间隔 Y，即 UE 不会在该时间内进行下行接收。

（1）对于 NPUSCH，$X=256$ms，$Y=40$ms。

（2）对于 NPRACH，$X=64$ 个符号长度，$Y=40$ms。

（3）对于 NPRACH 的格式 0，$X=64\times5.6=358.4$ms。

（4）对于 NPRACH 的格式 1，$X=64\times6.4=409.6$ms。

3.7　NB-IoT 的 Non-IP 数据传输过程

NB-IoT 的一项重要功能是 UE 支持 Non-IP 数据的传输，这是 CIoT 增强的重要部分。从 EPS 的角度看，Non-IP 数据是非 IP 结构化的。Non-IP 数据传输包括 MO、MT 的数据传输两部分。UE 在以太交换模块（ESM）连接请求消息（如附着或 PDN 连接请求消息）中指示使用 Non-IP 的数

NB-IoT 网络 Non-IP 数据传输过程

据类型。对于 Non-IP 的 PDN 连接，网络不会启动专用承载上下文激活过程。将 Non-IP 数据传输给 SCS/AS 的一种方案是经过业务能力开放网元（SCEF）的 Non-IP 数据传输，SCEF 是由 3GPP 组织定义的，相关网元接口基于安全开放网络的业务能力，可实现的主要功能为将核心网的网元能力向各类业务应用开放，通过协议封装及转换与合作平台或者自有平台对接，SCEF 的应用使网络具备了多样化的运营服务能力。

虽然传统电信网络语音、数据等的基础能力强大，但核心网的竖井式架构导致了业务与能力的紧耦合，各网元对网络能力的封装形成了资源孤岛，极大地限制了业务创新空间，已无法适应"互联网+"时代开放、共享、合作模式的多样化业务创新需求。因此，运营商网络转型需求迫切，这一需求可通过引入 3GPP 组织定义的能力开放架构和利用 SCEF 开放接口屏蔽底层来满足，将蕴含在网络和系统中的核心能力提供给上层使用，由应用向用户提供灵活、丰富的业务模式。3GPP 组织定义的能力开放架构如图 3-7-1 所示。

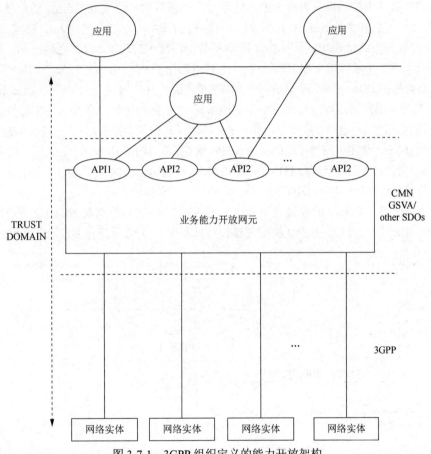

图 3-7-1　3GPP 组织定义的能力开放架构

通过各类接口可开放的网络能力包括通信信息获取、位置信息获取、通信服务开通信息获取、网络设置信息获取等。SCEF 的引入使得能力开放网络配置简单且高效。对单个网元 SCEF 进行配置，即可实现核心网多网元各种能力的开放，而不需要在每个核心网的网元中新增能力开放模块。同时，引入 SCEF 网元来对接各种业务需求的合作平台或自有平台，通过 SCEF 自动下发平台需求参数至核心网网元，减少了网络维护人员的工作量，降低了人为配置出错的风险，可确保网络配置的正确率及网络安全，提高网络运维效率。

　　PGW 的 Non-IP 数据传输使用点对点（PtP）的 SGi 隧道，目前有两种传输方案，即基于 UDP/IP 的 PtP 隧道方案和基于其他类型的 PtP 隧道方案。

　　（1）在基于 UDP/IP 的 PtP 隧道方案中，在 PGW 上，以接入点名称（APN）为粒度，预先配置 AS 的 IP 地址。当 UE 发起附着过程或创建 PDN 连接时，PGW 为 UE 分配 IP 地址（该 IP 地址不发送给 UE），并建立 GPRS 隧道协议（GTP）隧道 ID、UE IP 地址映射表。以上行数据为例，在 PGW 接收到 UE 侧的 Non-IP 数据后，首先，将其从 GTP 隧道中剥离，并加上 IP 头；然后，经 IP 网络发送 AS；最后，在 AS 接收到 IP 报文后，解析其中的 Non-IP 数据及用户 ID，并建立用户 ID、UE IP 地址映射表，以便发送下行数据。

　　（2）在基于其他类型的 PtP 隧道方案中，在 PGW 上，以 APN 为粒度，预先配置 AS 的 IP 地址。当 UE 发起附着过程或创建 PDN 连接时，PGW 不为 UE 分配 IP 地址，但建立从 UE 到 AS 的隧道和左右两侧隧道的映射表。以上行数据为例，PGW 在接收到 UE 侧的 Non-IP 数据后，首先将其从 GTP 隧道 1 中剥离；再将其放入隧道 2 中；然后将其经隧道发送至 AS；最后，在 AS 接收到信息后，解析其中的 Non-IP 数据及用户 ID，在 NB-IoT 中建立用户 ID、隧道 ID 映射表，以便发送下行数据。通过 SCEF 实现 Non-IP 数据传输，在 MME 和 SCEF 之间建立的指向 SCEF 的 PDN 连接实现于 T6a 接口，在 UE 附着、UE 请求创建 PDN 连接时被触发。UE 并不感知用于传输 Non-IP 数据的 PDN 连接，不管是指向 SCEF 的，还是指向 PGW 的，网络仅通知 UE 某 Non-IP 的 PDN 连接使用控制面传输模式。为了实现 Non-IP 数据的传输，在 SCS/AS 和 SCEF 之间需要建立应用层会话绑定。在 T6 接口上，使用国际移动用户标识（IMSI）标识一个 T6 连接或 SCEF 连接所归属的用户，使用 EPS 承载 ID 标识 SCEF 承载。在 SCEF 和 SCS/AS 之间，使用 UE 的外部标识或移动台国际 ISDN 号码（MSISDN）标识用户。根据运营商的策略，SCEF 可能缓存 MO/MT 的 Non-IP 数据包，MME 和 IWK-SCEF 不会缓存上下行 Non-IP 数据包。

　　非 IP 数据传输（NIDD）的配置过程允许 SCS/AS 向 SCEF 执行初次 NIDD 配置、更新 NIDD 配置、删除 NIDD 配置过程。NIDD 的配置过程（见图 3-7-2）通常应在 UE 附着过程之前执行。

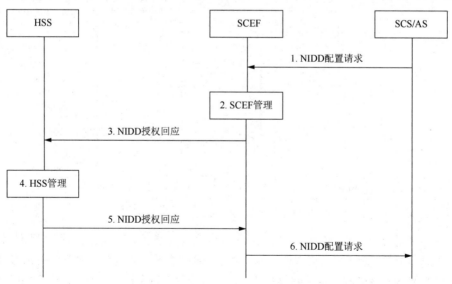

图 3-7-2　NIDD 的配置过程

　　NIDD 的配置步骤如下。

　　步骤 1：SCS/AS 向 SCEF 发送 NIDD 配置请求消息。

　　步骤 2：SCEF 保存 UE 的外部 ID/MSISDN 和其他参数。若根据服务协议，SCS/AS 不被授权执行该请求，则执行步骤 6，拒绝 SCS/AS 的请求，返回相应的错误原因。

步骤 3：SCEF 向 HSS 发送 NIDD 授权请求消息，以便 HSS 检查 UE 的外部标识或 MSISDN 是否允许 NIDD 操作。

步骤 4：HSS 执行 NIDD 授权检查，并将 UE 的外部标识映射为 IMSI 或 MSISDN。若 NIDD 授权检查失败，则 HSS 按步骤 5 返回错误原因。

步骤 5：HSS 向 SCEF 返回 NIDD 授权响应消息。若 UE 中配置了 MSISDN，则在授权响应消息中，HSS 返回由外部标识映射的 IMSI 和 MISIDN。使用由 HSS 映射的 IMSI/MSISDN，SCEF 可将 T6 连接和 NIDD 配置请求绑定。

Non-IP 数据接口
建立与传输

步骤 6：SCEF 向 SCS/AS 返回 NIDD 配置响应消息。SCEF 为 SCS/AS 的本次 NIDD 配置请求分配 SCS 或者 AS Reference ID 作为业务主键。

在 NB-IoT 中，Non-IP 数据通过 T6 接口建立连接，T6 连接建立的过程（一）如图 3-7-3 所示。

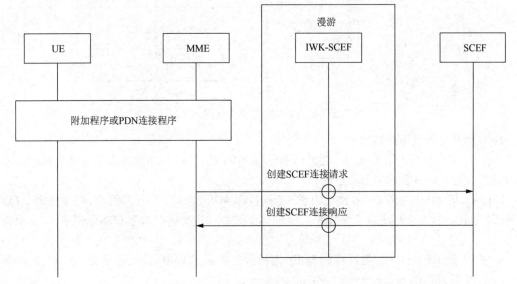

图 3-7-3　T6 连接建立的过程（一）

若 UE 请求 EPS 附着，指明 PDN 类型为 Non-IP，并且签约数据中省略 APN 可用于创建 SCEF 连接，或者 UE 请求的 APN 可用于创建 SCEF 连接，则 MME 发起 T6 连接创建过程。

步骤 1：UE 执行初始附着过程或者 UE 请求创建 PDN 连接。MME 根据 UE 签约数据，检查 APN 设置。若 APN 携带的信息包括选择 SCEF 指示或 SCEF ID，则该 APN 用于创建指向 SCEF 的 T6 连接。

步骤 2：MME 在两种情况下发起 T6 连接创建过程，一种是 UE 请求初始附着，并且默认 APN 被设置为用于创建 T6 连接；另一种是 UE 请求创建 PDN 连接，并且 UE 所请求的 APN 被设置为用于创建 T6 连接。MME 向 SCEF 发送创建 SCEF 连接请求消息。若 SCS/AS 已经向 SCEF 请求执行了 NIDD 配置过程，则 SCEF 执行步骤 3。否则，SCEF 可以拒绝 T6 连接的建立或者使用一个默认配置的 SCS/AS 发起 NIDD 的配置过程。

步骤 3：SCEF 为 UE 创建 SCEF 承载，承载标识为 MME 提供的 EPS 承载标识。在 SCEF 承载创建成功后，SCEF 向 MME 发送创建 SCEF 连接请求。

T6 连接建立的过程（二）如图 3-7-4 所示。

（1）UE 发起去附着过程。

（2）MME 发起去附着过程。

（3）HSS 发起去附着过程。

（4）UE 或 MME 发起 PDN 连接释放过程。

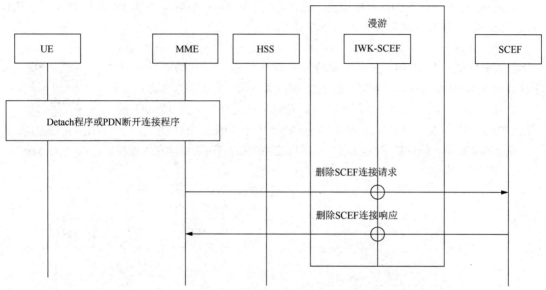

图 3-7-4　T6 连接建立的过程（二）

T6 连接建立的具体步骤如下。

步骤 1：UE 执行去附着过程，包括请求释放 PDN 连接过程、MME 发起去附着过程、释放 PDN 连接过程、HSS 发起去附着过程。

步骤 2：若 MME 上存在 T6 接口的 SCEF 连接和 SCEF 承载，则针对每个 SCEF 承载，MME 向 SCEF 发送释放 SCEF 连接请求消息。同时，MME 删除自身保存的该 PDN 连接的 EPS 承载上下文。

步骤 3：SCEF 向 MME 返回释放 SCEF 连接应答消息，指明操作是否成功。SCEF 删除自身保存的该 PDN 连接的 SCEF 承载上下文。

MO NIDD 数据投递过程如图 3-7-5 所示，具体步骤如下。

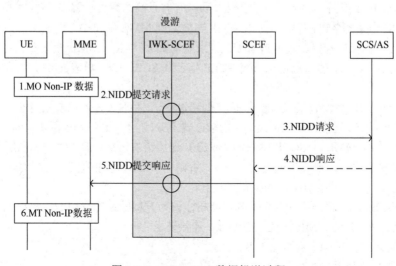

图 3-7-5　MO NIDD 数据投递过程

步骤 1：UE 向 MME 发送 NAS 消息，携带 EPS 承载 ID 和 Non-IP 数据包。

步骤 2：MME 向 SCEF 发送 NIDD 传递请求消息。漫游时，该消息由 IWK-SCEF 转发给 SCEF。

步骤 3：SCEF 在接收到 Non-IP 数据包后，根据 EPS 承载 ID 寻找 SCEF 承载及相应的 SCEF/AS 参考号，并将 Non-IP 数据包发送给对应的 SCS/AS。

步骤 4～步骤 6：SCS/AS 利用 NIDD 传递响应消息携带下行 Non-IP 数据包。

MT NIDD 数据投递过程如图 3-7-6 所示。

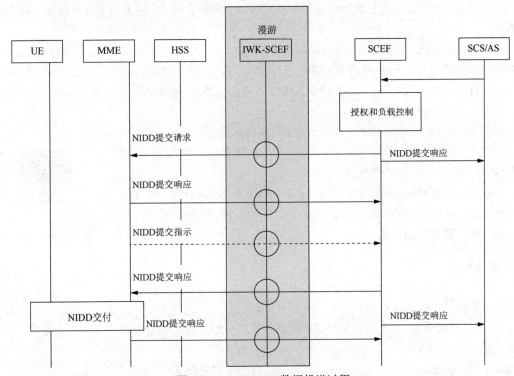

图 3-7-6　MT NIDD 数据投递过程

SCS/AS 使用 UE 的外部标识或 MSISDN 向 UE 发送 Non-IP 数据包，在发起 MT NIDD 数据投递过程前，SCS/AS 必须先执行 NIDD 配置过程。MT NIDD 数据投递的具体步骤如下。

步骤 1：在 SCS/AS 已经为某 UE 执行 NIDD 配置过程后，SCS/AS 可以向该 UE 发送下行 Non-IP 数据，并向 SCEF 发送 NIDD 投递请求消息。

步骤 2：SCEF 根据 UE 的外部标识或 MSISDN，检查是否为该 UE 创建了 SCEF 承载。SCEF 检查请求 NIDD 数据投递的 SCS 是否被授权发起 NIDD 数据投递过程，并且检查该 SCS 是否已经超出 NIDD 数据投递的限额（如 24h 内允许 1KB），或者是否已经超出速率限额（如 100B/h）。如果上述检查失败，那么执行步骤 5，并返回错误原因；如果上述检查成功，那么继续执行步骤 3；如果 SCEF 没有检查到 SCEF 承载，那么 SCEF 可能会出现以下 3 种情况。

（1）向 SCS/AS 返回 NIDD 投递响应消息，携带适当的错误原因。

（2）使用 T4 终端激活过程，触发 UE 建立 Non-IP 的 PDN 连接。

（3）接收 SCS 的 NIDD 投递请求，但是返回适当的原因，并等待 UE 主动建立 Non-IP 的 PDN 连接。

步骤 3：如果 UE 已建立 SCEF 承载，那么 SCEF 向 MME 发送 NIDD 投递请求消息。如果

IWK-SCEF 接收了 NIDD 投递请求消息，那么转给 MME。

步骤 4：如果当前 MME 能立即向 UE 发送 Non-IP 数据，例如 UE 在连接状态，或者 UE 在空闲状态但可寻呼，那么 MME 执行步骤 8，向 UE 发起 Non-IP 数据投递过程。如果 MME 判断 UE 当前不可达，例如 UE 当前使用 PSM 或 eDRX 模式，那么 MME 向 SCEF 发送 NIDD 投递响应消息。MME 携带原因值指明 Non-IP 数据无法投递给 UE。NIDD 可达通知标记指明 MME 将在 UE 可达时通知 SCEF，MME 在 EMM 上下文中保存 NIDD 可达通知标记。

步骤 5：SCEF 向 SCS/AS 发送 NIDD 响应消息，通知从 MME 处获得的投递结果。如果 SCEF 从 MME 接收到 NIDD 的可达通知标记，那么根据本地策略，SCEF 可考虑缓存步骤 3 中的 Non-IP 数据。

步骤 6：当 MME 检测到 UE 可及时，例如，从 PSM 中恢复并发送 TAU 请求消息、发起 MO 信令或数据传输过程、MME 预测 UE 即将进入 eDRX 监听时隙、MME 之前对该 UE 设置了 NIDD 可达通知标记，那么 MME 向 SCEF 发送 NIDD 投递指示消息，表明 UE 已可及。MME 清除 EMM 上下文中的 NIDD 可达通知标记。

步骤 7：SCEF 向 MME 发送 NIDD 投递请求消息。

步骤 8：根据需要，MME 寻呼 UE，并向 UE 投递 Non-IP 数据。根据运营商的策略，MME 可能产生计费信息。

思政微课：杂交水稻之星——袁隆平

步骤 9：如果 MME 执行了步骤 8，那么 MME 向 SCEF 发送 NIDD 投递响应消息，并返回投递结果。SCEF 向 SCS/AS 发送 NIDD 投递响应消息，并返回 NIDD 数据投递结果。

思考与练习

一、单选题

1. 对运营商而言，NB-IoT 支持三种部署模式，分别是独立部署模式、_____模式、带内部署模式。（　　）

A．保护部署　　　　　　　　　　　B．保护带部署

C．联合部署　　　　　　　　　　　D．带外部署

2. 在 NB-IoT 中，当 UE 处于 PSM 时，不再监听寻呼消息，并且停止所有_____的活动。（　　）

A．MAC 层　　　　　　　　　　　　B．网络层

C．PHY 层　　　　　　　　　　　　D．AS

3. 在 NB-IoT 的下行共享信道_____上，由 MAC 子层产生随机接入响应。（　　）

A．DD-SCH　　　　　　　　　　　　B．DL-SSH

C．DL-SCH　　　　　　　　　　　　D．DL-SCG

4. 在 NB-IoT 中，_____的调度周期实际上就是 NPBCH 的配置周期，即 640ms。（　　）

A．MIB　　　　　　　　　　　　　　B．MII

C．TTI　　　　　　　　　　　　　　D．MIBS

5. 在 NB-IoT 的_____传输模式下，一次上行传输只分配一个 15kHz 或 3.75kHz 的子载波。（　　）

A．Single-tone　　　　　　　　　　B．单播模

C．子带波　　　　　　　　　　　　D．Single-teno

二、多选题

1. NB-IoT 的 PHY 层相比 LTE 系统进行了以下哪些方面的简化和修改？（　　　）

A. 多址接入方式　　　　　　　　B. 工作频段

C. 逻辑帧结构　　　　　　　　　D. 数据调制方式

2. 对于基本调度器的下行链路调度，NB-IoT 支持＿＿＿＿＿＿＿＿。（　　　）

A. 下行链路调度信息在 NPDCCH 上传输

B. 调度的下行数据在 NPDSCH 上传输

C. 跨子帧调度

D. 跨载波调度

3. 在 NB-IoT 中，当 UE 发起附着过程或创建 PDN 连接时，PGW 为 UE 分配 IP 地址（该 IP 地址不发送给 UE），不会建立＿＿＿＿＿。（　　　）

A. GTP 隧道 ID　　　　　　　　B. Non-IP 数据

C. UE IP 地址映射表　　　　　　D. AS 的隧道 ID

4. 如果 SCEF 没有检查到 SCEF 承载，那么 SCEF 不会出现以下哪些情况？（　　　）

A. 向 SCS/AS 返回 NIDD 投递响应消息

B. 使用 T3 终端激活过程，触发 UE 建立 Non-IP 的 PDN 连接

C. 接收 SCS 的 NIDD 投递请求

D. SCEF 向 MME 发送 NIDD 投递请求消息

三、判断题

1. 在 NB-IoT 中，PSM 的优点是可实现短时间休眠，缺点是对 UE 接收业务的响应不及时，因此主要应用于远程抄表等对下行链路实时性要求不高的业务。（　　　）

2. 在 NB-IoT 的保护带部署模式下，为了降低 LTE 系统和 NB-IoT 之间的干扰，要求 LTE 系统带宽边缘与 NB-IoT 带宽边缘的频率间隔为 15kHz 的整数倍。（　　　）

第4章

NB-IoT 中的通信技术

工程师视角——
NB-IoT 的展望

本章内容简介

在 NB-IoT 中，Uu 接口协议主要用于接口的管理和控制方面，NB-IoT 中的通信技术与 LTE 系统中的有所不同。上行方向的物理信道只有两条，分别是 NPRACH 和 NPUSCH。NPUSCH 在 NB-IoT PHY 层的上行链路中用于传输上行数据和上行控制信息（UGI）。NB-IoT 在下行方向上仅支持一种参考信号——窄带参考信号（NRS），又称导频信号。

本章主要介绍 NB-IoT 中的通信技术，包括 NPRACH、NPUSCH、NPBCH、同步信号（NPSS 和 NSSS）、NRS、S1 控制面接口和 X2 控制面接口等。

课程目标

知识目标	（1）熟悉 NB-IoT Uu 接口的基础知识
	（2）熟悉 NB-IoT 中 S1 控制面接口和 X2 控制面接口的基础知识
	（3）了解 NB-IoT 的附着过程是 UE 开展业务前在网络中的注册过程
技能目标	（1）能够掌握 NB-IoT Uu 接口的基础知识。
	（2）能够掌握 NB-IoT 中 S1 控制面接口和 X2 控制面接口的基础知识
素质目标	通过自主查阅资料，了解 NB-IoT 中的通信技术，提高辩证唯物主义的思维能力
思政目标	学习华为精神，坚定科技强国、技能强身的学习信念
重难点	重点：NB-IoT 接口的基础知识
	难点：NB-IoT 中 S1 控制面接口和 X2 控制面接口的基础知识
学习方法	自主查阅、类比学习、头脑风暴

4.1 NPRACH

NPRACH 固定在频率为 3.75kHz 的子载波上，在不同的覆盖等级下，使用的 MCS 是不一样的，NPUSCH 可以使用两种间隔的子载波，即 15kHz 和 3.75kHz 的子载波。现阶段实际部署的

NB-IoT 的通信载波只有一种，即 15kHz 的子载波，随着 NB-IoT 核心标准版本的更新及新网络的部署，未来有望使用两种子载波。在 NB-IoT 中，为了兼顾覆盖深度和容量，承载 NB-IoT 的小区可以划分为三个覆盖等级，相较于 LTE 系统或者 GSM，分别有 0dB、10dB、20dB 的增强。覆盖等级如图 4-1-1 所示。MCL 是指最小耦合损耗。

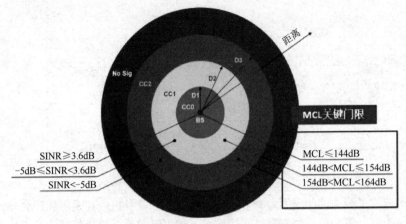

窄带物理随机接入
信道——NPRACH

注：实际规划时预留 2～7dB 的余量。

图 4-1-1　覆盖等级

0dB 表示不增强，即覆盖等级与原有的 LTE 系统或 GSM 是一样的。另外两个覆盖等级是 10dB 与 20dB 的增强，终端处于图 4-1-1 中的哪个覆盖等级是由系统对比测量到的信号强弱与系统中覆盖等级所对应参考信号接收功率（RSRP）区间值的结果确定的。NB-IoT 在通过 SIB2 时会发送一个 RSRP 与覆盖等级的映射关系，例如覆盖等级区域在 0dB 增强的区域下发的 RSRP 关系假设是 20dBm，判断依据是减去 140dBm，即 -120dBm，就可以确定用户所处的覆盖等级。在不同的覆盖等级下，终端能够使用的当前小区的资源也是不一样的，NPRACH 用于接入，是开始接入时使用的第一条信道。NPRACH 在时域和频域上以跳频的方式传输，即单个子载波传输，子载波的间隔固定为 3.75kHz，循环前缀（CP）主要用于抵抗符号间的干扰，它的长度有两种，分别是 66.7μs 和 266.7μs，CP 长度不一样说明小区的覆盖范围不一样。当 CP 长度为 66.7μs 时，小区最多能够覆盖 10km；当 CP 长度为 266.7μs 时，小区最多能够覆盖 35km。NPRACH 用于传输前导序列，而前导序列由 4 个符号组构成，不同 CP 长度下的前导序列如图 4-1-2 所示。

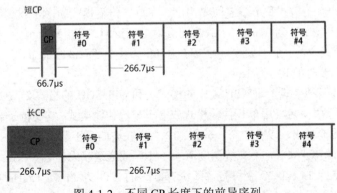

图 4-1-2　不同 CP 长度下的前导序列

每个符号组包含 1 个 CP 和 5 个符号，采用短 CP 时，每个符号的长度为 266.7μs，那么一个符号组的长度为 66.7+5×266.7=1400.2μs，即一个符号组的时域长度。如果总共有 4 个符号组，那么时域长度约为 5.6ms。采用长 CP 时，时域长度约为 6.4ms，长 CP 就是一次前导序列的传输符号组长度。短 CP 和长 CP 的持续时间分别约为 5.6ms 和 6.4ms。NPRACH 一次传输前导序列的持续时间按频域固定占用 3.75kHz，前导序列的发送可以是重复的，图 4-1-3 表示重复发送 4 次，具体次数可以配置。

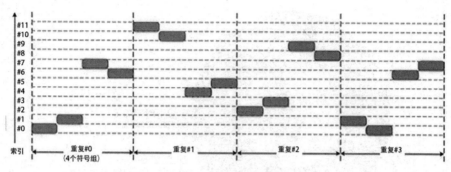

图 4-1-3　不同发送次数下的前导序列

频域上每个时间点对应的子载波的间隔固定为 3.75kHz，在 4 个符号组内部采用跳频的方式占用不同的子载波，第 1 个符号组和第 2 个符号组在频域上（第 1 级和第 2 级跳频）的差值是单个子载波，也就是 3.75kHz，此种跳频间隔应用于第 1 个和第 2 个符号组之间、第 3 个和第 4 个符号组之间，例如，第 1 个符号组占用频域上 0 号 3.75kHz 的子载波；第 2 个符号组占用频域上 1 号 3.75kHz 的子载波；第 2 个和第 3 个符号组，也就是第 2 级的跳频固定间隔为 6 个子载波；第 3 个和第 4 个符号组的跳频固定间隔为单个子载波。以上就是在 1 条 NPRACH 内部频域上的 4 个符号组之间的跳频，每次发送和重复发送时采用伪随机跳频的方式，伪随机跳频有范围限制，跳频范围在 12 个子载波以内，即在 12 个 3.75kHz 的频率范围内，符号组可以采用灵活的伪随机跳频方式。

4.2　NPUSCH

NPUSCH 的 PHY 层处理沿用 LTE 系统的物理上行共享信道（PUSCH）PHY 层处理过程，区别在于调制方式，单一传输模式使用 $\pi/2$-BPSK 和 $\pi/4$-QPSK，多子载波传输模式使用 QPSK。NPUSCH 传输的最小调度单位是上行 RU，它由 NPUSCH 格式和子载波间隔决定。在单一传输模式中，子载波间隔为 3.75kHz 时，RU 为 32ms，子载波间隔为 15kHz 时，RU 为 8ms；在多子载波传输模式中，3 个子载波时的 RU 为 4ms，6 个子载波时的 RU 为 2ms，12 个子载波时的 RU 为 1ms。

窄带物理层上行链路共享信道——NPUSCH

NPUSCH 支持两种格式，即 NPUSCH 的格式 1 和 NPUSCH 的格式 2。NPUSCH 的格式 1 用于传输上行信道的数据，可采用单一传输模式或多子载波传输模式。它支持子载波间隔为 3.75kHz 或 15kHz 的单一传输模式，以及 3 个、6 个、12 个子载波的多子载波传输模式。由于 NB-IoT 的 UCI 包括 1bit 的 HARQ-ACK，不支持调度请求（SR）或通道状态信息（CSI）回报，为了降低开销，每个 RU 仅支持 14×2=28 个符号，即 3.75kHz 的 TTI 为 8ms，15kHz 的 TTI 为 2ms。而 NPUSCH 的格式 2 用于传输 UCI，只采用单一传输模式。NPUSCH 的处理过程如图 4-2-1 所示。其中，IRU 是指不可剥夺的使用权。

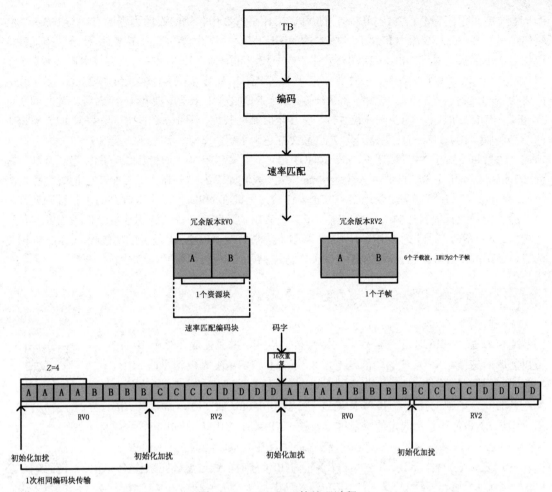

图 4-2-1 NPUSCH 的处理过程

相比 LTE 系统中的 PUSCH，NB-IoT 中的 NPUSCH 采用了 PUSCH 的层映射、变换编码和预编码步骤。由于 NPUSCH 支持重传，在沿用 LTE 系统 PUSCH 加扰方式的基础上，每次编码块传输都根据第一个时隙和帧重新初始化。

NPUSCH 的资源映射也不同于 LTE 系统的 PUSCH。对于 NPUSCH 的格式 1，一个 TB 在通过编码和速率匹配后，需要经过若干次重传，先重传子帧，再重传编码块，每次编码块重传采用不同的冗余版本。不同于 LTE 系统和 eMTC，NPUSCH 的格式 1 采用 DCI 指示的动态调度延时，而 DCI 数据流用 2bit 指示，即绝对调度时间为 8、16、32、64ms。频域子载波的位置和数量用 DCI 中的 6bit 指示。由于在极端覆盖情况下，引用较长 TTI 时，NPUSCH 的重复次数无须很多，NB-IoT 通过 DCI 中的 3bit 指示最大为 128 的重复次数，即可提供至少 164dB 的最大链路损耗。对于 NPUSCH 的格式 2，仅传输 NPDSCH 的 1bit ACK/NACK UCI，并且采用重复编码。NPUSCH 格式 2 的 RU 的长度为 2ms 和 8ms，仅采用单子载波方式传输，其重复次数是通过 RRC 层半静态配置的。在 DCI 格式的 N1 中，采用 4bit 来指示 UCI 的时频资源位置。

在 NB-IoT 中，由于可用资源有限和重传行为，在上行链路使用同步的 HARQ 会使上行链路资源的运用更加困难，因此上行传输和下行传输都使用异步的 HARQ，即需要根据新接收的 DCI 进行重传。另外，为了减少 NB-IoT 中终端的复杂度，只支持 1 个 HARQ 进程，下行链路不支持冗余传输，上行链路则支持冗余传输。考虑到系统和 UE 的复杂度及有限的系统带宽，NB-IoT 舍弃了 LTE 系统中的 PUCCH、物理混合自动重传指示信道（PHICH）等物理信道。下行 HARQ 的确认消息或否定应答消息将在 NB-IoT 的 NPUSCH 格式 2 中传输，而因为资源有限与 NB-IoT 终端的电量损耗，Rel-13 版本和 Rel-14 版本的 NB-IoT 核心标准中暂时不支持 LTE 系统的周期性信道状态信息回报。对于 NPUSCH 的格式 1，当子载波间隔为 3.75kHz 时，只支持单频传输，1 个 RU 在频域上包含 1 个子载波，在时域上包含 16 个时隙，所以 1 个 RU 的长度为 32ms；当子载波间隔为 15kHz 时，支持单频传输和多频传输，1 个 RU 包含 1 个子载波和 16 个时隙，其时间长度为 8ms。当 1 个 RU 包含 12 个子载波时，有 2 个时隙的长度，即 1ms，此 RU 刚好是 LTE 系统中的 1 个子帧。RU 的时间长度设计为 2 的幂次方是为了更有效地运用资源，避免产生资源空隙而造成资源浪费。对于 NPUSCH 的格式 2，RU 由 1 个子载波和 4 个时隙组成，所以当子载波间隔为 3.75kHz 时，1 个 RU 的时间长度为 8ms；当子载波间隔为 15kHz 时，1 个 RU 的时间长度为 2ms。由于 1 个 TB 可能需要使用多个 RU 来传输，因此在 NPDCCH 中接收到的上行接入允许消息中除了指示上行数据传输所用的 RU 的子载波索引，还包含 1 个 TB 对应的 RU 数目和重传次数指示。NPUSCH 的格式 2 用于 NB-IoT 网络中终端传输 NPDSCH 是否成功接收 HARQ 的回复信息，使用的子载波索引由对应的 NPDSCH 分配指示，重传次数由 RRC 层参数配置。

4.3 NPBCH

NB-IoT 的 NPBCH 采用固定的预定义传输格式，并且能够在整个小区的覆盖区域内广播。NPBCH 的功能是下发系统消息，NB-IoT 系统消息即 MIB。NPBCH 的传输周期是 640ms，包含 8 个 80ms 的独立编码块。NPBCH 在每个无线帧的 0 号子帧上发送。NPBCH 通过 UE 获得 640ms 的定时，而非显式的信令指示。NPBCH 采用固定的重复样式发送。NPBCH 的 TTI 为 640ms，承载NB-IoT 主系统信息块 MIB-NB，其余系统消息（如 SIB1-NB 等）承载于 NPDSCH

窄带的广播信
道——NPBCH

中。与 LTE 系统一样，NB-IoT 的 UE 在解码 NPBCH 时，通过循环冗余校验（CRC）掩码确定小区的天线端口数量。不同的是，NB-IoT 最多只支持 2 个天线端口，是在解调 MIB 的过程中确定小区天线的端口数量。在 3 种操作模式下，NPBCH 均不使用前 3 个正交频分复用（OFDM）符号。在带内部署模式下，NPBCH 假定基于 4 个 LTE 系统 CRS 端口、2 个 NRS 端口进行速率匹配。NPBCH 在用 TBCC 编码后，基于 2 个 NRS 端口和 4 个 LTE 系统 CRS 端口进行速率匹配，速率匹配后输出的比特流为 1600bit；使用小区专有扰码序列对速率匹配后的比特进行加扰，当系统序列满足 64 个间隔时，无线帧通过物理小区标识（PCID）初始化。

加扰后的比特流数据被分为 8 个大小相同的编码子块，每个编码子块为 200bit。每个编码后的子块采用 QPSK 方式调制。调制后的每个编码子块重传 8 次。NPBCH 时频域映射如图 4-3-1 所示。

子块 0 共重复发送了 8 次，子块 1 和子块 0 使用不同的扰码。当系统帧号以 64 个帧号为间隔时，系统中的帧号高出前一帧 4bit。NPBCH 固定映射到每个无线帧的第 0 个子帧。由于终端在解码 NPBCH 时，还不知道当前小区的操作模式等信息，因此 NPBCH 在映射时，最大限度地避开了可能与 LTE 系统冲突的资源，包括如下内容。

（1）固定地不使用子帧内的前 3 个 OFDM 符号。

（2）NB-IoT 使用 2 个天线端口进行速率匹配。NPBCH 传输 34 个比特流，承载时间为 640ms，即有 64 个系统帧，这 64 个系统帧包含以下帧信息。

① 4bit 指示系统帧号（SFN）的最高有效位（MSB），最低有效位（LSB）通过 NPBCH 的起始位置得出。

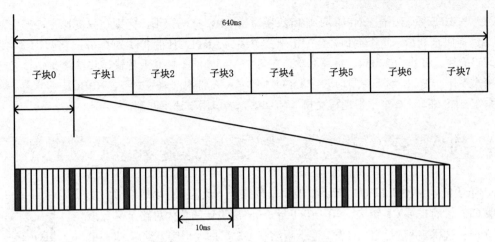

图 4-3-1　NPBCH 时频域映射

② 2bit 指示超级帧的 LSB。

③ 4bit 指示 NB-SIB1 的调度和 TBS。

④ 5bit 指示系统消息变化。

⑤ 1bit 指示是否接入禁止。

⑥ 2bit 指示部署模式，5bit 指示该部署模式下的相关配置。

⑦ 11 个备用比特。

在这些帧信息中，用于指示部署模式的 2bit 指示 4 种模式，分别是带内部署相同小区 ID、带内部署不同小区 ID、保护带部署、独立部署。当部署模式为带内部署相同小区 ID 时，其余 5bit 指示 NB-IoT 占用 PRB 与 LTE 系统小区中心的偏移量和信道栅格偏移量；当部署模式为带内部署不同小区 ID 时，用其余 5bit 中的 1bit 指示 LTE 系统的 CRS 天线端口数量，2bit 指示信道栅格偏移量；当部署模式为保护带部署时，用其余 5bit 中的 2bit 指示信道栅格偏移量；当部署模式为独立部署时，无须使用额外比特指示其他配置信息。NPBCH 在子帧 0 上传输，为了降低接收机的复杂度，与同步信号相同，不同的部署模式采用相同的传输格式，即避开所有潜在 LTE 系统占用的资源粒子（RE），如前 3 个 OFDM 符号和 CRS 位置。在 NRS 位置之后，每个 PRB 有 100 个可用 RE。图 4-3-2 所示为 NPBCH 资源映射示意图。

34bit 的系统消息在插入 16bit 的 CRC 掩码校验后，先通过 1/3 码率的卷积码编码变为 150bit，速率匹配为 1600bit 后进行加扰，QPSK 调制后变为 800bit；再分为 8 组 BL1-BL8，每组映射到 1 个子帧的 100 个 RE 上。在 80ms 内的每个子帧 0 上重复一次，共计 8 次。

NPBCH 基本沿用 LTE 系统中 PBCH 的生成方式，只是在部分细节上存在不同，主要表现在以下 3 个方面：

（1）MIB 为 34bit，CRC 掩码仍为 16bit。

（2）速率匹配为 1600bit。

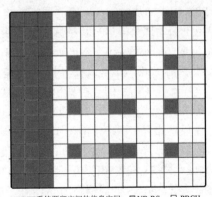

■ LTE系统预留空间的信息空间　▨ NB-RS　□ PBCH

图 4-3-2　NPBCH 资源映射示意图

（3）与 LTE 系统一样，NPBCH 端口数量通过 CRC 掩码识别，区别是只支持 1 个或 2 个端口。CRC 掩码全 0 指示 1 个端口，全 1 指示 2 个端口。NPBCH 的 TTI 为 640ms，包含 8 个独立、可自解码的块，每块为 200bit，重复 8 次，在每个无线帧的子帧 0 上传输，共持续 80ms。在 3 种部署模式下，NPBCH 均不使用前 3 个 OFDM 符号。在带内部署模式下，NPBCH 假定存在 4 个 LTE 系统 CRS 端口，2 个窄带远程交换（NB-RS）端口用于速率匹配。

4.4　同步信号

NB-IoT 的帧结构和 FDD LTE 系统的帧结构完全一致，下行物理信道仅支持一般 CP，没有扩展 CP 结构。NB-IoT 下行 PHY 层设计的总体思路是尽量沿用 LTE 现有技术，并进行适当简化，便于网络和 UE 在最大程度上继承 LTE 系统的 PHY 层处理机制，快速获得产品。为兼容带内部署模式，NB-IoT 下行物理信道的多址接入采用正交频分多址接入（OFDMA）技术，基于 15kHz 的子

NB-IoT 物理层
的同步信号

载波间隔设计，与传统 LTE 系统兼容。NB-IoT 下行的最小调度单元为一个 PRB，频域上的每个 NB-IoT 载波只包含一个 PRB，只使用 15kHz 子载波间隔，只支持终端半双工操作。由于带宽的限制，一个 TB 最多可以占用 10 个时域上的 PRB。

考虑到 NB-IoT 终端的低成本与低复杂度，在 Rel-13 版本的 NB-IoT 核心标准中，仅支持 FDD，并且为半双工，需要 NB-IoT 终端在不同时间点发送和接收消息。在 NB-IoT 中，终端的上行传输只支持单天线端口，下行传输最多支持两个天线端口。NB-IoT 中 NRS 的资源位置与 LTE 系统 CRS 在时间上是错开的，在频率上是相同的，因此在带内部署模式下，若检测到 CRS，则可与 NRS 共同进行信道估计。下行传输使用两种 NB-IoT 天线端口，一种是 NB-IoT 的 eNB 基站通过天线端口 0 进行单天线端口发送；另一种是两个天线端口开环发射分集，NB-IoT 的 eNB 基站在下行共享信道、广播信道和下行控制信道上采用两个天线端口的 SFBC 进行传输。

NB-IoT 小区搜索与 LTE 系统小区搜索类似，每个终端通过检测同步信号与小区在时间和频率上实现同步，以获取小区的 ID。NB-IoT 的同步信号包括 NPSS 和 NSSS。

NPSS 用于完成时间和频率的同步。与 LTE 系统不同的是，NPSS 不携带任何小区的 ID 信息，仅用于简单地获得定时和频偏的粗略估计。NSSS 携带小区 PCID，其范围为 0～503，表示提供 504 个唯一的小区标识。NPSS 和 NSSS 的序列与 LTE 系统差异较大，PCID 的计算规则也与 LTE 系统不同。NB-IoT 终端在寻找 eNB 基站时，会先检测 NPSS，因此 NPSS 会设计为短的 ZC 序列，这样降低了初步信号检测和同步的复杂性。识别出小区 ID 后，UE 可以使用下行小区指定参考信号来解调或测量 NB-IoT 的天线端口数量，并将其作为下行小区指定的参考信号天线端口数量。在独立部署和保护带部署模式下，NPSS 和 NSSS 资源映射示意图如图 4-4-1 所示。

对于带内部署模式，NPSS 和 NSSS 都通过打孔的方式避免与 LTE 系统 CRS 的碰撞，不使用对应的 RE。NPSS 在资源位置上避开了 LTE 系统的控制区域，为 NB-IoT UE 提供时间和频率同步的参考信号。NPSS 的周期是 10ms，在子帧 5 上传输；NSSS 的周期是 20ms，在子帧 9 上传输。在 NB-IoT 天线端口 0 和 1 中，除无效子帧和 NPSS 或 NSSS 发送子帧外，在每个时隙的最后两个 OFDM 符号中插入参考信号。每个下行链路的 NB-IoT 天线端口发送一个 NRS。NB-IoT 天线的下行端口数量是 1 或 2。对于 NPSS，为了简化 UE 接收机，不同的传输模式采用统一的同步信号，因此 NPSS 仅占用 1 个子帧内的 11 个符号（避开前 3 个 OFDM 符号），而每个符号占用 11 个子载波。NB-IoT 主同步信号序列由频域的 ZC 序列生成，每个符号上承载 11 个长为 5 的 ZC 序列，在不同符号上承载不同的掩码，CP 长度如表 4-4-1 所示。

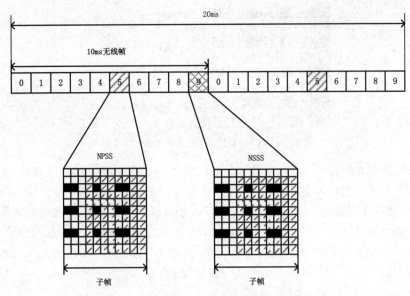

图 4-4-1　NPSS 和 NSSS 资源映射示意图

表 4-4-1　CP 长度

CP 长度	S3	S4	S5	S6	S7	S8	S9	S10	S11	S12	S13
常规数值	1	1	1	1	-1	-1	1	1	1	-1	1

在频域上，NPSS 占用 0～10 共 11 个子载波；在时域上，NPSS 固定占用每个无线帧中的第 5 个子帧，在子帧内从第 4 个符号开始。对于 NSSS，其长度为 131 的频域 ZC 序列通过哈达玛积矩阵加扰。ZC 的根和 4 个哈达玛积矩阵用来指示 504 个小区 ID。通过 4 个时域循环移位来指示 80ms 内的帧序号。NB-IoT 辅同步信号序列也是由频域的 ZC 序列生成的，要注意，NSSS 只在偶数帧号发送，因此四种循环移位可以确定 NSSS 在 80ms 内的位置。在频域上，NSSS 占用全部（12 个）子载波；在时域上，NSSS 只在偶数帧号发送，在子帧内从第 4 个符号开始。

4.5　NRS

NRS 主要用于估计下行信道的质量，还可用于与 UE 相关的检测和解调。在 NRS 用于广播和下行专用信道时，所有下行子帧都要传输 NRS。NRS 由插入 NB-IoT 下行天线端口 0 和 1 每个时隙的最后两个 OFDM 符号位置上的已知参考符号组成，每个 NB-IoT 下行天线端口传输一个 NRS。UE 将 NRS 用于物理信道（如 NPDSCH、NPBCH、NPDCCH）的下行解调。

NB-IoT 网络下行参考信号——NRS

在空闲状态下，UE 测量窄带参考信号接收功率（NRSRP）和窄带参考信号接收质量（NRSRQ），用于空闲状态下的小区重选。NB-IoT 引入了两个新的 NRS 天线端口，通过 NPBCH 的 CRC 掩码来指示天线端口数量。NRS 只能在 1 个天线端口或 2 个天线端口上传输，资源位置在时间上与 LTE 系统 CRS 错开，在频率上与 LTE 系统类似，天线端口的频域位置同样由 NB-IoT 小区 ID 与 6 取模所得决定。NRS 资源映射到一个时隙的最后 2 个 OFDM 符号上。NRS 在频域上的偏移位置与 LTE 系统 CRS 类似，通过 PCID 关联的小区频域偏移公式来计算。对于带内部署，CRS 与 NRS 的频域位置相同。NRS 重用 LTE 系统 CRS 的序列如图 4-5-1 所示。

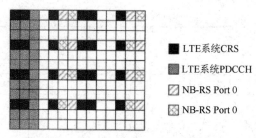

图 4-5-1　NRS 重用 LTE 系统 CRS 的序列

在 NB-IoT 的带内部署模式下，有相同 PCID 时，NRS 发送的天线端口号为 0、1，与 LTE 系统一致。此时，LTE 系统最多支持 2 个天线端口。如果 LTE 系统小区有 4 个天线端口，就被视为不同的 PCID。PHY 层通过 NSSS 提供 504 个唯一的小区标识。在 NB-IoT 的带内部署模式下，需要指示该小区标识是否与 E-UTRAN 小区标识一致。在与 E-UTRAN 小区标识一致的情况下，UE 可以假设与 E-UTRAN 的 CRS 天线端口数量一致，并将 E-UTRAN 下行 CRS 用于辅助 NPDSCH、NPDCCH 的解调；在 NB-IoT 的下行天线端口数量与 E-UTRAN 的小区标识不一致的情况下，在 MIB-NB 中指示 E-UTRAN 的 CRS 天线端口数量。

在带内部署模式且 PCID 不同的情况下，LTE 系统和 NB-IoT 小区的 V-shift =PCID mod 6，即 LTE 系统和 NB-IoT 的这两个信息必须相同。在独立部署、保护带部署和带内部署模式下，当 PCID 不同时，NRS 发送的天线端口号为 1000 和 1001。在所有的 NB-IoT 下行子帧（包括 NPBCH、SIB1-NB 的 NPDSCH 子帧）上，NRS 总是存在的。NB-IoT 的下行子帧配置和 SIB1-NB 中的子帧配置有关，在 SIB1-NB 中，系统下发 1 个下行链路位图来指示下行子帧的有效性。若没有下发该位图，则 UE 默认所有下行子帧都是有效子帧。因此，在成功解码 SIB1-NB 之前，UE 并不知道哪些子帧是 NB-IoT 下行子帧，只能假定在 NPBCH 上的子帧 0 上，以及 SIB1-NB 发送的子帧 4、子帧 9 上，总是发送 NRS。这里没有偶数帧号，因为偶数帧号用于 NSSS 发送，所以在下行链路发送 NPSS 和 NSSS 的子帧上没有 NRS。当 NB-IoT 使用 1 个天线端口时，NRS 的每个资源粒子的能量（EPRE）和其他信道占用的 RE 功率相等。当 NB-IoT 使用 2 个天线端口时，NRS 的 EPRE 比其他信道占用的 RE 功率高 3dB。NRS 的 EPRE 功率在 SIB2-NB 中广播，并通知 UE。

在带内部署模式且 PCID 相同的情况下，NB-IoT UE 也可以使用 LTE 系统 CRS 进行下行信道估计和 RSRP 测量。在带内部署模式且 PCID 相同的情况下，LTE 系统的 CRS 功率和 NB-IoT 的 NRS 功率之间可能存在偏差。因此，在 SIB 广播的 nrs-CRS-PowerOffset 字段，告知 NB-IoT UE 关于 LTE 系统 CRS 的功率。nrs-CRS-PowerOffset 字段的取值为-6、-4.77、-3、-1.77、0、1、1.23、2、3、4、4.23、5、6、7、8、9dB，若在 SIB 中没有下发此字段，则 NB-IoT UE 默认 LTE 系统和 NB-IoT 两者的参考信号功率相同。

为了避免传输不必要的 NRS，尤其在带内部署模式下，UE 在获得传输模式之前，仅假设子帧 0、子帧 4 及不传输 NSSS 的子帧 9 传输 NRS。在 UE 获得传输模式为带内部署模式后，解码 SIB1 时，UE 仍旧假设采用最低 NRS 传输，但是解码 SIB1 后，UE 可以假设在 NB-IoT 下行子帧上传输 NRS，其中，NB-IoT 下行子帧由 SIB1 配置，若没有配置，则假设全部为 NB-IoT 下行子帧。

对于带内部署，为了提高信道估计性能，eNB 基站通过相同的小区标识方式配置来决定 UE 是否可以假设 NB-IoT 小区 ID 与 LTE 系统小区 ID 相同。若小区 ID 相同，则 UE 可以获得 CRS 相关信息及假设 CRS 端口与 NRS 的映射关系，利用 CRS 进行信道估计，进一步提高性能。此外，eNB 基站可能会配置不同导频与数据间的功率偏移量。因此，除发送 NPSS 和 NSSS 的子帧不发送 NRS 外，其他所有下行子帧都发送 NRS，无论 eNB 基站子帧有无数据传送，都用于终端进行下行数据的相干解调和接收功率的测量，以便终端在空闲状态下发起随机接入请求时可以选择合适的接入覆盖等级。

4.6　S1 控制面接口

在 NB-IoT 中，Uu 接口协议主要用于接口的管理和控制方面，包括 RRC 子层协议、PDCP 子层协议、RLC 子层协议、MAC 子层协议和 PHY 层协议。NB-IoT 协议图层如图 4-6-1 所示。

S1 控制面接口又称 S1-MME 接口，是 eNB 基站和 MME 之间的接口。与用户面类似，传输层基于 IP 传输，在 IP PtP 传输中用于传递信令 PDU，在 IP 层之上采用流量控制传输协议（SCTP），为应用层消息提供可靠的传输。S1 控制面接口的应用层信令协议被称为 S1 应用层协议，即 S1-AP。每个 S1 控制面接口支持一个 SCTP 偶联，S1 控制面接口的通用过程使用一对流，S1 控制面接口专用过程使用多对流，使用 MME 分配的 MME 通信上下文和 eNB 基站分配的通信上下文来区分不同 UE 的 S1 控制面接口的信令传输承载。通信上下文标识在各自的 S1-AP 层消息中传输。若 S1 信令传输层通知 S1-AP 层信令连接中断，则 MME 使用该信令让 UE 改变本地状态，并连接到 ECM_Idle 空闲状态，删除 UE 在 ECM_Idle 空闲状态时的上下文数据，在连接中断之前使用 S1 信令连接；或保持 UE 在 ECM_Connected 连接状态，在 ECM_Idle 空闲状态下挂起 UE 的上下文，在连接中断之前使用 S1 信令连接。而对 eNB 基站来说，UE 释放 RRC 连接，并在 ECM_Idle 空闲状态下挂起 UE 的上下文，在连接中断之前使用 S1 信令连接；或保持 UE 在 RRC_Connected 连接状态，在 ECM_Idle 空闲状态下挂起 UE 的上下文，在连接中断之前使用 S1 信令连接。若 S1 信

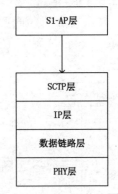

图 4-6-1　NB-IoT 协议图层

S1 控制面板接口

令传输层通知 S1-AP 层信令连接可重新使用，并且 eNB 基站和 MME 已经决定各自保持 ECM_Connected 连接状态和 RRC_Connected 连接状态的 UE，以及决定将信令连接断开，则在 ECM_Idle 空闲状态下的各 UE 仍然保持其中断的 UE 上下文。其中，S1 控制面接口建立连接的过程是指试图重建断开的信号连接，各无线网络终止于 S1-AP 的过程。在这种情况下的 MME 池中，无线网络和 eNB 基站之间存在一个 S1 控制面接口关系，eNB 基站和每个 MME 之间也存在一个 S1 控制面接口关系。无线网络与 eNB 基站之间的 S1 控制面接口关系用于承载无线网络与 eNB 基站之间非终端关联的 S1-AP 层信令，以及对于连接到无线网络的各 UE，承载其 UE 关联的 S1-AP 层信令。eNB 基站与 MME 之间的 S1 控制面接口关系用于承载 eNB 基站与 MME 之间的非终端关联的 S1-AP 层信令，以及对于连接到无线网络的各 UE 和连接到 eNB 基站的各 UE，承载其 UE 关联的 S1-AP 层信令。NB-IoT 的 S1 控制面接口在原有 LTE 系统 S1 控制面接口功能的基础上针对控制面传输模式，更新 EPC 触发 S1 控制面接口连接的 UE 上下文释放过程、下行 NAS 消息传输过程，同时新增连接建立指示过程；针对用户面传输模式，新增 UE 上下文恢复功能，不支持原有 ECM_Connected 连接状态 UE 的移动性功能、公共预警消息传送功能、S1 控制面接口的 CDMA2000 隧道功能。S1 控制面接口的基本功能如下。

（1）寻呼功能。寻呼功能是指向 UE 注册的跟踪区范围内所有小区发送寻呼请求，目的是让 MME 在特定的 eNB 基站范围内寻呼到 UE。为了支持处于 ECM_Connected 连接状态的各 UE，

需要管理 UE 的上下文，也就是说，需要在 eNB 基站和 EPC 处建立和释放 UE 的上下文，从而在 S1 控制面接口上支持用户个体信令的传输。

（2）UE 上下文释放功能。S1 控制面接口的 UE 上下文的释放过程如图 4-6-2 所示。

EPC 通过向 E-UTRAN 发送 S1 控制面接口的 UE 上下文释放命令消息来发起 UE 上下文释放过程，eNB 基站释放所有相关信令和数据传输资源。eNB 基站通过 S1 控制面接口的 UE 上下文释放完成消息确认 UE 上下文释放。在这一过程中，EPC 释放与移动性管理和默认 EPS/E-RAB 承载配置无关的所有资源。

（3）下行链路 NAS 信令消息的传输功能。S1 控制面接口的下行链路 NAS 信令消息的传输过程如图 4-6-3 所示。

NAS 信令消息通过 S1 控制面接口双向传输，NB-IoT 采用控制面传输模式，在下行链路上由 MME 发起的 NAS 传输过程中，MME 发给 eNB 基站的下行 NAS 传输消息可能包含 UE 无线能力信息。

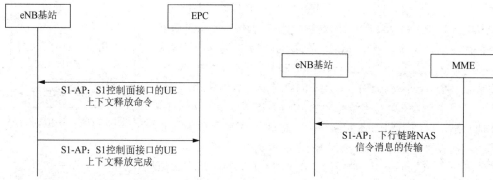

图 4-6-2　S1 控制面接口的 UE 上下文的释放过程　　图 4-6-3　S1 控制面接口的下行链路 NAS
信令消息的传输过程

（4）连接建立指示功能。S1 控制面接口的连接建立指示过程如图 4-6-4 所示。

S1 控制面接口的连接建立指示过程由 MME 发起，在控制面传输模式下，若 MME 没有下行 NAS PDU 需要发送，连接建立指示过程能使 MME 在接收到初始 UE 信息后，向 eNB 基站提供完成 UE 相关连接、S1 控制面接口连接建立所需的信息。

（5）UE 上下文的挂起功能。S1 控制面接口的 UE 上下文的挂起过程如图 4-6-5 所示。

S1 控制面接口的 UE 上下文挂起过程由 eNB 基站发起，eNB 基站在将 UE 状态设为 RRC_Idle 空闲状态后，请求 MME 在 EPC 中挂起 UE 上下文和相应承载上下文。在成功完成 UE 上下文的挂起过程后，与 UE 相关的信令连接状态被设置为挂起。eNB 基站和 MME 保存恢复 UE 信令连接所必需的相关上下文，无须交换信息。UE 上下文的挂起过程由 eNB 基站发起，用于在 eNB 基站将 UE 设置为 RRC_Idle 空闲状态后，请求 MME 中断 EPC 中的 UE 上下文及相关承载上下文。在成功完成 UE 上下文的中断过程后，随即中断 UE 关联的信令连接。eNB 基站及 MME 保持所有必需的上下文数据，以便恢复 UE 关联的信令连接，因此在 UE 关联的信令连接被中断之前，不需要交换已经提供给各节点的信息。

在被中断的 UE 关联的信令连接中，只允许发生下述 S1-AP 进程。

① UE 上下文恢复进程。

② UE 上下文释放进程（由 eNB 基站和 MME 发起）。

（6）UE 上下文的恢复进程如图 4-6-6 所示。

UE 上下文的恢复进程由 eNB 基站发起，eNB 基站指示 UE 已经恢复了 RRC 连接，请求 MME

在 EPC 中恢复 UE 上下文和相关承载上下文。若在 EPC 中无法恢复 UE 上下文，则 MME 向 eNB 基站发送 UE 上下文恢复失败消息。

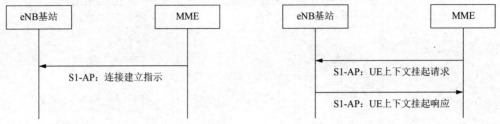

图 4-6-4　S1 控制面接口的连接建立指示过程　　　图 4-6-5　S1 控制面接口的 UE 上下文的挂起过程

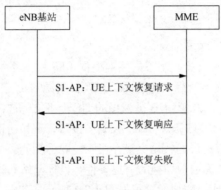

图 4-6-6　UE 上下文的恢复进程

4.7　X2 控制面接口

在 LTE 系统中，X2 控制面接口的功能如图 4-7-1 所示。

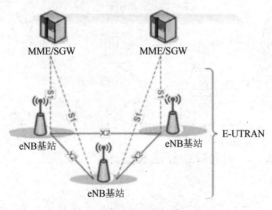

图 4-7-1　X2 控制面接口的功能

NB-IoT 网络系统的
X2 控制面接口

在 LTE 系统中，X2 控制面接口是 eNB 基站之间的接口，支持数据和信令的直接传输。eNB 基站之间通过 X2 控制面接口连接，形成网状网络，这是 LTE 网络相较于传统移动通信网的重大变化，产生这种变化的原因在于网络结构中没有了无线网络控制器（RNC），原有的树状分支结构被扁平化，使得基站承担了更多的无线资源管理任务，需要与相邻基站有更多的直接对话，从而保证用户在整个网络中的无缝切换。LTE 系统 X2 控制面接口的功能如图 4-7-2 所示。

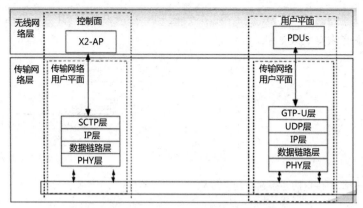

图 4-7-2　LTE 系统 X2 控制面接口的功能

LTE 系统 X2 控制面接口的功能如下。

第一，向 ECM-Connected 连接状态下的终端提供 LTE 接入系统的移动性支持，该功能包括从源 eNB 基站传送 UE 上下文至目标 eNB 基站，以及控制源 eNB 基站和目标 eNB 基站之间用户平面的传输承载，切换取消，以及源 eNB 基站中的 UE 上下文释放；第二，负载管理；第三，小区间干扰协调、上行干扰负载管理；第四，X2 控制面接口管理和错误处理功能，包括错误指示和复位；第五，eNB 基站之间应用层的数据交换；第六，跟踪功能。

在 LTE 系统中，X2 控制面接口切换的前提条件是目标基站和源基站配置了 X2 控制面接口链路且链路可用。X2 控制面接口的切换过程如图 4-7-3 所示。其中，S1、X2 均为控制面接口。

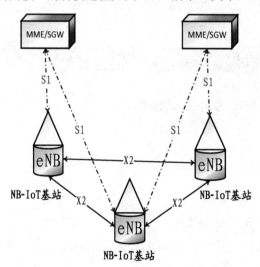

图 4-7-3　X2 控制面接口的切换过程

X2 控制面接口的切换过程如下。

（1）在接收到测量报告后，需要先通过 X2 控制面接口向目标小区发送切换申请。

（2）eNB 基站在得到目标小区反馈后（此时目标小区资源已准备就绪）才会向终端发送切换命令，并向目标侧发送数据包缓存号等信息。

（3）在目标小区接入终端后，目标小区会向核心网发送路径更换请求，目的是通知核心网将终端的业务转移到目标小区，更新用户面和控制面之间的节点关系。

（4）在 X2 控制面接口切换成功后，目标 eNB 基站通知源 eNB 基站释放无线资源。

X2 控制面接口的应用层信令协议被称为 X2 应用层协议，即 X2-AP。NB-IoT 中 X2-AP 接口的功能与 LTE 系统中的相比,增加了 eNB 基站间 UE 上下文的恢复功能,在 UE 尝试与 RRC 连接被挂起的 eNB 基站不同的 eNB 基站恢复 RRC 连接时,通过 eNB 基站之间的 X2 控制面接口获取 UE 上下文恢复所需的信息。

X2-AP 支持以下功能。

(1)对于 ECM_Connected 连接状态的终端,支持 LTE 接入系统的移动性。

(2)从源 eNB 基站到目标 eNB 基站的上下文传输。

(3)源 eNB 基站与目标 eNB 基站之间的用户面隧道控制。

(4)切换取消。

X2 控制面接口成功获取 UE 上下文的过程如图 4-7-4 所示。

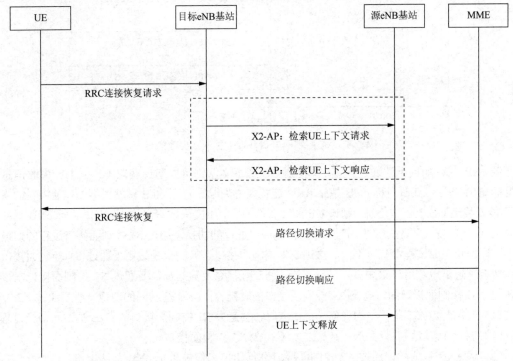

图 4-7-4 X2 控制面接口成功获取 UE 上下文的过程

UE 希望在目标 eNB 基站恢复 RRC 连接,而不是在原有 RRC 连接挂起的 eNB 基站中恢复 RRC 连接。在 S1-AP 路径切换之后,目标 eNB 基站通过 X2-AP 接口消息触发源 eNB 基站释放 UE 上下文。若目标 eNB 基站可通过 UE 处接收的恢复 ID 确定源 eNB 基站,则触发获取 UE 上下文的过程;若源 eNB 基站可通过获取 UE 上下文请求消息中的恢复 ID 来匹配 UE 上下文,则源 eNB 基站在获取 UE 上下文响应消息(该消息包含 UE 上下文信息)后,将该消息发给目标 eNB 基站。在目标 eNB 基站收到 UE 上下文消息后,恢复 RRC 连接,并执行 S1-AP 路径切换过程,建立与 MME 的 S1 信令连接,请求 MME 在 EPC 中恢复 UE 上下文和相关承载上下文,并更新下行路径。对于试图在 eNB 基站中恢复 RRC 连接的 UE,获取 UE 上下文。此处的目标 eNB 基站不同于 RRC 连接被中断的源 eNB 基站。若目标 eNB 基站基于 UE 处接收的恢复 ID,能够识别出源 eNB 基站,则它会向源 eNB 基站触发获取 UE 上下文的过程;若源 eNB 基站能够使 UE 上下文与恢复 ID 相匹配,该恢复 ID 被携带在获取 UE 上下文请求消息中,则源 eNB 基站会通过获取 UE 上下文响应消息进行响应,该响应消息中包括 UE 上下文信息。恢复 UE 上下文时,目标 eNB 基站恢复 RRC 连接并执行 S1-AP 路径切换过程,从而建立与服务 MME 中 S1 控制面接口的

UE 关联的信令连接，并且请求该 MME 在 EPC 中恢复 UE 上下文及相关承载上下文，以及更新下行路径。在 S1-AP 路径切换之后，目标 eNB 基站通过 X2-AP 接口的 UE 上下文释放过程，向源 eNB 基站触发释放 UE 上下文的过程。

X2 控制面接口获取 UE 下文失败的过程如图 4-7-5 所示。

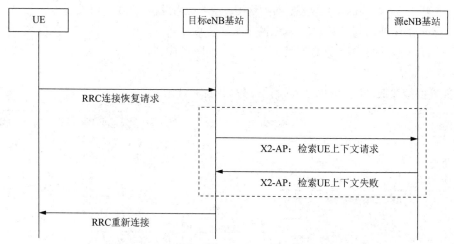

图 4-7-5　X2 控制面接口获取 UE 下文失败的过程

源 eNB 基站如果无法通过恢复 ID 找到 UE 上下文，则可以通过获取 UE 上下文失败消息告知目标 eNB 基站，此时目标 eNB 基站 RRC 连接恢复失败。若源 eNB 基站根据 UE 处接收的恢复 ID 不能查找到 UE 上下文信息，则该 UE 通过获取 UE 上下文失败消息进行响应，目标 eNB 基站使得 RRC 连接恢复失败。相较于通过 X2 控制面接口进行的切换，通过 S1 控制面接口进行的切换在其准备过程和完成过程中有所不同。通过 X2 控制面接口切换的优先级高于通过 S1 控制面接口切换，切换时延更短，用户感知更好。所有的站间交互信令及数据都需要通过 S1 控制面接口向核心网转发，S1 控制面接口的时延比 X2 控制面接口的时延长。eNB 基站间的切换一般要通过 X2 控制面接口实现，但当如下条件中的任何一个成立时，会触发 S1 控制面接口的 eNB 基站间切换过程。

（1）源 eNB 基站和目标 eNB 基站之间不存在 X2 控制面接口。

（2）源 eNB 基站尝试通过 X2 控制面接口进行切换，但被目标 eNB 基站拒绝。

4.8　小区选择和寻呼过程

在 NB-IoT 中，UE 刚开机时，先进行 PHY 层下行传输同步，再进行搜索测量及小区选择，选择一个合适的或可接受的小区之后，驻留并执行附着过程。UE 在空闲模式下需要发送业务数据时，发起服务请求过程，当网络侧需要向该 UE 发送数据（如业务数据或信令数据）时，发起寻呼过程。当 UE 关机时，发起去附着过程，通知网络侧释放其保存的该 UE 的所有资源。

NB-IoT 网络的小区选择和寻呼过程

NB-IoT 不支持切换、测量报告、Inter-RAT 移动性，支持 ECM_Idle 空闲状态下的移动性管理和寻呼过程。在 RRC_Idle 空闲状态下，小区重选并定义了两类小区，分别是同频小区和异频小区。对异频小区进行的是带内部署模式下的两个不同的 180kHz 载波之间的重选。由于 NB-IoT 主要为非频发小数据包流量而设计，因此并不需要 RRC_Connect 连接状态下的切换过程。如果需要改变服务小区，那么 NB-IoT 中的 UE 会先释放 RRC 连接，进入 RRC_Idle

空闲状态，再重选小区。UE 在完成小区选择并驻留到服务小区后，应能根据服务小区广播的系统消息中邻近小区的频点和服务小区的测量值启动邻近小区的测量。UE 应能根据邻近小区的测量结果，对满足 $S>0$ 的邻近小区执行 R 值排序，在满足重选条件后读取 R 值最高的小区的系统消息，驻留通过合适性检查的小区。NB-IoT 的小区重选机制也做了适度简化，由于 NB-IoT 中的 UE 不支持紧急拨号功能，因此 UE 在小区重选时若无法找到合适的小区，则不会暂时驻留在可接受的小区，而是持续搜寻，直到找到合适的小区为止。对 NB-IoT 来说，小区重选也就是 UE 选择应该驻留的小区。与 LTE 系统相比，NB-IoT 对于异频小区的重选不使用基于优先级的小区重选准则。小区重选准则如下。

（1）同频重选基于小区的排序（可能存在小区特殊偏置）。

（2）异频重选基于频率的排序（可能存在频率特殊偏置）。

（3）支持盲重定向用于负载均衡，处于 RRC_Idle 空闲状态的 UE 执行小区重选过程。该过程遵循如下原则。

① UE 测量服务小区及其邻区的特性，以便进行小区重选。

② 不需要在服务小区系统消息中指示邻区来使 UE 搜索或测量小区，也就是说，E-UTRAN 是依赖 UE 自己来探测邻区的。

③ 对于搜索和测量异频小区的邻区，只需要指明载频。

④ 若服务小区的特性满足特定的搜索或测量标准，则可以省略测量。

⑤ 对于异频小区的邻区，有可能指示出层特定小区重选参数。

⑥ 可以通过提供黑名单来阻止 UE 重选到特定同频小区和异频小区的邻区。

⑦ 小区重选参数对于小区中的所有 UE 都适用，但是也可能基于 UE 组或 UE 来配置特定的重选参数。

这里合适的驻留小区是可以提供正常服务的小区，而可接受的小区是仅能提供紧急服务的小区。UE 在小区选择完成后执行寻呼过程，在寻呼过程中，UE 应支持在空闲状态和连接状态下接听寻呼控制信道（PCCH）上的寻呼，包括系统消息改变、业务寻呼。当寻呼指示业务寻呼时，UE 应检查寻呼内的 UE ID 列表是否与本 UE 的标识 IMSI 或 S-TMSI 匹配，若 UE ID 列表中包含本 UE 的标识，则上报 NAS 寻呼指示。

NB-IoT 采用 E-UTRAN 寻呼相关配置，NB-IoT 和 E-UTRAN 的主要区别如下。

（1）NB-IoT 仅通过广播控制信道（BCCH）配置 eDRX 模式。

（2）在空闲状态下使用 eDRX 模式时，DRX 周期的最大值为 2.91h。

（3）UE 处于 RRC_Idle 空闲状态时，在锚点载波上接收寻呼。

在空闲状态下使用 eDRX 模式适用于如下情况。

（1）eDRX 周期在空闲状态下被延长至 10.24s 甚至更久，最大值为 43.69min。NB-IoT 的 eDRX 周期的最大值是 2.91h。

（2）当 SFN 环绕时，广播的超级 SFN（H-SFH）增加 1。

（3）寻呼超高帧（PH）指的是 H-SFN，在 H-SFN 中，UE 在 ECM_Idle 空闲状态使用的 PTW 期间开始监测寻呼 eDRX 模式。PH 是依据 MME、UE 和 eNB 基站的公式来确定的，具有识别 eDRX 模式的周期信息和 UE 的功能。

（4）在 PTW 期间，UE 监测对于 PTW 持续时间的寻呼（如由 NAS 配置的）或直至接收到 UE 的寻呼消息（该寻呼消息包括 UE 的 NAS 身份），取两者中先发生的。

（5）MME 确定 PH 和 PTW 的开始，并且在第一个寻呼时段发生之前发送 S1 控制面接口寻呼请求，以避免在 eNB 基站中存储寻呼消息。

（6）UE 在 eDRX 模式下无法满足地震及海啸警报系统（ETWS）、商业移动警报服务（CMAS）、公共警报系统（PWS）的要求。对于环境增强型自适应广播（EAB），如果终端支持 SIB14，则它在延长的 DRX 过程中建立 RRC 连接之前获取 SIB14。

（7）当 eDRX 周期比系统消息修改周期长时，UE 会验证在建立 RRC 连接之前所存储的系统消息是否有效。对于一个配置有比系统消息改变周期长的 eDRX 周期的 UE，当寻呼时机（PO）帧中的 System Info Modification 位上标记为 eDRX 时，寻呼消息可以用于系统消息的改变通知。对于 NB-IoT，处于 RRC_Idle 空闲状态的 UE 在已经接收的 NPSS/NSSS、NPBCH 和 SIB 传输的承载上接收寻呼。

4.9 NB-IoT 的附着过程

NB-IoT 的附着过程是 UE 在网络中注册的过程，主要完成接入鉴权和加密、资源清理和注册更新、默认承载建立等任务。附着过程完成后，网络侧记录 UE 的位置信息，相关节点为 UE 建立上下文。同时，网络建立为 UE 提供"永远在线"连接的默认承载，并为 UE 分配 IP 地址、UE 驻留的跟踪区列表、全球唯一临时 UE 标识（GUTI）等必需参数。由于附着过程涉及的流程很多，所以后面会详细介绍 NB-IoT 的附着过程。

在附着过程中，UE 应与 MME 协商以下内容。

（1）UE 是否支持控制面传输模式。

（2）UE 是否支持用户面传输模式。

（3）UE 优先选择控制面传输模式还是用户面传输模式。

（4）UE 是否支持 S1-U 接口数据传输，即传统 EPS 过程。

（5）UE 是否支持不携带 PDN 连接的附着过程。

（6）UE 是否要求采用联合附着来传输 SMS。

（7）UE 是否支持控制面传输模式的报头压缩。

NB-IoT 网络的附
着过程（一）

NB-IoT 网络的附
着过程（二）

在 Rel-13 版本的 NB-IoT 核心标准中，UE 应支持控制面传输模式和 S1-U 接口数据传输，支持不携带 PDN 连接的附着过程，不要求采用联合附着来传输 SMS。为了提高传输效率，UE 还应支持控制面传输模式的报头压缩。

NB-IoT 的附着过程如图 4-9-1 所示。

步骤 1：支持 CIoT 优化的 E-UTRAN 小区应在系统广播消息中包含其支持能力。对于 NB-IoT 的接入，E-UTRAN 小区应广播是否能够连接到支持不建立 PDN 连接的 EPS 附着的 MME，是否能够连接到支持控制面传输模式的 MME，以及是否能够连接到支持用户面传输模式的 MME。

如果 PLMN 不支持不建立 PDN 连接的 EPS 附着，并且 UE 只支持不建立 PDN 连接的 EPS 附着，那么 UE 不能在该 PLMN 的小区内发起附着过程。

如果 UE 能够执行附着过程，那么 UE 发起附着请求消息和网络选择指示给 eNB 基站，消息包含 IMSI、旧的 GUTI、有效的上次访问跟踪区标识（TAI）、UE 核心网络能力、UE 指定的 eDRX 参数、ESM 消息、协议配置选项（PCO）、加密选项传输标记、附着类型等。

如果 UE 支持 Non-IP 数据传输并请求建立 PDN 连接，那么 PDN 的类型可设置为"Non-IP"。

如果 UE 支持 CIoT 优化，那么 UE 可以不在附着请求消息中携带 ESM 消息。此时，MME 不为该 UE 建立 PDN 连接，不需要执行以下步骤 6、步骤 12～步骤 16、步骤 23～步骤 26。此外，如果 UE 在附着时采用控制面传输模式，那么步骤 17～步骤 22 仅使用 S1-AP 的 NAS 传输消息和

RRC 的透传消息来传输 NAS 附着接受消息和 NAS 附着完成消息。

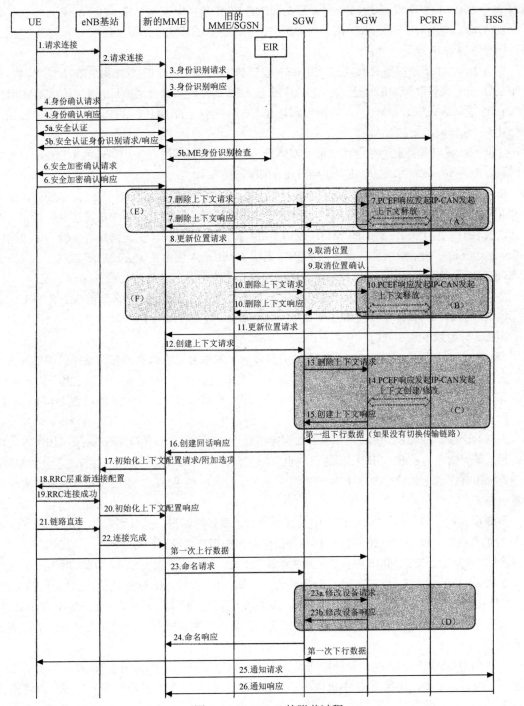

图 4-9-1 NB-IoT 的附着过程

UE 在附着请求消息中携带偏好网络行为，表示 UE 所支持和偏好的 CIoT 优化方案，包括是否支持控制面传输模式，是否支持用户面传输模式，UE 应该选择偏向于控制面传输模式还是用户面传输模式，是否支持 S1-U 接口数据传输，是否请求非联合注册的 SMS 短信业务，是否支持不携带 PDN 连接的附着过程，以及是否支持控制面传输模式的报头压缩等。

　　如果 UE 支持控制面传输模式和报头压缩，并且 UE 在附着请求消息中携带 ESM 消息，以及 PDN 类型为 IPv4 或 IPv6 或 IPv4/IPv6，那么 UE 的 ESM 消息中应包括报头压缩配置。报头压缩配置包括建立健壮报头压缩（ROHC）信道所必需的信息，还可能包括报头压缩上下文建立参数，如目标服务器的 IP 地址。

　　步骤 2：eNB 基站根据 RRC 层参数中旧的全球唯一的 MME 标识（GUMMEI），选择网络指示和 RAT 类型来获取 MME 地址。如果该 MME 与 eNB 基站没有建立关联或没有旧的 GUMMEI，那么 eNB 基站选择新的 MME，并将附着消息和 UE 所在小区的 TAI+E-UTRAN 小区全局标识符（ECGI）一起转发给新的 MME。

　　如果 UE 在附着请求消息中携带偏好网络行为，并且偏好网络行为中指示的 CIoT 优化方案与网络支持的不一致，那么 MME 应拒绝 UE 的附着请求。

　　步骤 3：如果 UE 通过 GUTI 标识自己，并且在 UE 去附着之后，MME 已经发生变化，那么新的 MME 通过 UE 的 GUTI 获取旧的 MME 或 SGSN 地址，并给旧的 MME 发送身份标识请求消息以获取 UE 的 IMSI，由旧的 MME 返回 IMSI 和未使用的 EPS 认证向量等参数。如果向旧 SGSN 发送身份标识请求消息，那么旧 SGSN 返回 IMSI 及未使用认证五元组等参数。如果旧的 MME/SGSN 不能识别 UE 或附着请求消息的完整性检查失败，那么返回恰当的错误原因。

　　步骤 4：如果在新的 MME 及旧的 MME/SGSN 中都不认识 UE，那么新的 MME 向 UE 发送标识请求以请求 IMSI。UE 使用包含 IMSI 的标识响应消息通知网络。

　　步骤 5 分为以下几部分。

　　步骤 5a：如果网络中没有 UE 上下文，并且步骤 1 的附着请求消息没有完整性保护或加密，或者完整性检查失败，那么 UE 和 MME 之间必须进行认证并执行 NAS 安全建立过程。如果 NAS 安全算法改变，那么该步骤只执行 NAS 安全建立过程。在该步骤之后，所有 NAS 消息将由 MME 指示的 NAS 安全功能保护。

　　步骤 5b：MME 从 UE 获取 ME 标识。国际移动设备识别码（IMEI）标识必须以加密方式传输。为了减少信令的延迟，ME 标识的获取也可以合并在步骤 5a 的 NAS 安全建立过程中。MME 向设备标识寄存器（EIR）发送 ME 标识检测请求对于检测的结果，EIR 通过 ME 标识来检测应答消息响应。

　　步骤 6：如果 UE 在附着请求消息中设置了加密选项传输标记，那么可以从 UE 获取 PCO 或 APN 等加密选项。PCO 中可能包含用户的身份信息，如用户名和密码等。

　　步骤 7：如果在新的 MME 中存在激活的承载上下文，那么删除相关 SGW 中旧的承载上下文。

　　步骤 8：从上一次去附着之后 MME 发生改变，第一次附着，ME 标识改变，UE 提供的 IMSI 或 GUTI 在 MME 中没有相应的上下文信息，如果以上任意一种情况发生，那么 MME 向 HSS 发送位置更新消息。MME 能力指示了该 MME 支持的接入限制功能状况。更新类型指示了这是一个附着过程。

　　步骤 9：HSS 向旧的 MME 发送取消位置消息，旧的 MME 删除移动性管理和承载上下文。如果更新类型为附着，并且 HSS 中包含 SGSN 注册信息，那么 HSS 向旧的 SGSN 发送取消位置消息。

　　步骤 10：如果旧的 MME/SGSN 中存在激活的承载上下文，那么旧的 MME/SGSN 向涉及的网关发送删除承载请求消息以删除承载资源。网关向旧的 MME/SGSN 返回删除承载响应消息。

　　步骤 11：HSS 向新的 MME 发送更新位置应答消息以应答更新位置消息。该更新位置应答消息中包含 IMSI 及签约数据，签约数据包含一个或多个 PDN 签约上下文信息。

　　步骤 12：如果附着请求不包括 ESM 消息，那么不需要执行步骤 12～步骤 16。如果签约上下文没有指示该 APN 是到 SCEF 的连接，那么 MME 按照网关选择机制选择 SGW 和 PGW，并向 SGW 发送创建会话请求消息。

对于 Non-IP 的 PDN 类型，当 UE 使用控制面传输模式时，如果签约上下文指示该 APN 是到 SCEF 的连接，那么 MME 根据签约数据中的 SCEF 地址建立到 SCEF 的连接，并且分配 EPS 承载标识。

步骤 13：SGW 在其 EPS 承载列表中创建一个条目，并向 PGW 发送创建会话请求消息。

步骤 14：如果网络中部署了动态 PCRF 且不存在切换指示，那么 PGW 执行 IP-CAN 会话建立过程，获取 UE 的默认通信控制信道保护（PCC）准则，这可能会导致多个专用承载的同时建立。如果部署了动态 PCC 准则且存在切换指示，那么 PGW 执行 IP-CAN 会话修改过程以获取所需的 PCC 准则；如果没有部署动态 PCC 准则，那么 PGW 采用本地服务质量（QoS）策略。

步骤 15：PGW 在 EPS 承载上下文列表中创建一个新的条目，并生成一个计费标识符。PGW 向 SGW 返回创建会话响应消息。PGW 在分配 PDN 地址时需要考虑 UE 提供的 PDN 类型、双地址承载标记及运营商策略。对于 Non-IP 的 PDN 类型，创建会话响应消息中不包括 PDN 地址。

步骤 16：SGW 向 MME 返回创建会话响应消息。

步骤 17：新的 MME 向 eNB 基站发送附着接受消息。S1 控制面接口的控制消息中包括 UE 的 AS 安全上下文等参数。如果 MME 确定使用控制面传输模式或 UE 发送的附着请求消息不包括 ESM 消息，那么通过 S1-AP 下行 NAS 传输消息向 eNB 基站发送附着接受消息。如果新的 MME 分配一个新的 GUTI，那么 GUTI 也包含在消息中。

如果 UE 在附着请求中指示的 PDN 类型为"Non-IP"，那么 MME 和 PGW 不应改变 PDN 类型。如果将 PDN 类型设置为"Non-IP"，那么 MME 将该信息包含在 S1 控制面接口的控制消息中。AP 初始上下文建立请求消息，以指示 eNB 基站不执行报头压缩。

如果一个 IP 类型的 PDN 连接采用了控制面传输模式，UE 在附着请求消息中包括报头压缩配置，并且 MME 支持报头压缩参数，那么 MME 的 ESM 消息中应包括报头压缩配置。MME 绑定上行和下行 ROHC 信道以便传输反馈信息。

如果 UE 在报头压缩配置中包括报头压缩上下文建立参数，那么 MME 应向 UE 确认这些参数；如果在附着过程中没有建立 ROHC 上下文，那么 UE 和 MME 应在附着完成之后根据报头压缩配置建立 ROHC 上下文；如果 MME 根据本地策略决定该 PDN 连接仅能使用控制面传输模式，那么 MME 的 ESM 消息中应包括仅控制面指示信息。对于到 SCEF 的 PDN 连接，MME 应总是包括仅控制面指示信息。如果 UE 接收到仅控制面指示信息，那么该 PDN 连接只能使用控制面传输模式。

如果附着请求不包括 ESM 消息，那么附着接受消息中不应包括 PDN 相关参数，并且 S1-AP 下行 NAS 传输消息不应携带 AS 上下文的相关信息。

步骤 18：如果 eNB 基站接收到 S1-AP 初始上下文建立请求消息，那么 eNB 基站向 UE 发送 RRC 连接重配置消息，该消息包含 EPS 无线承载 ID 和附着接受消息；如果 eNB 基站接收到 S1-AP 下行 NAS 传输消息，那么 eNB 基站向 UE 发送 RRC 透传消息。

步骤 19：UE 向 eNB 基站发送 RRC 连接重配置完成消息。

步骤 20：eNB 基站向新的 MME 发送初始上下文响应消息。该消息包含 eNB 基站的 TE ID 及地址，以转发 UE 的下行数据。

步骤 21：UE 向 eNB 基站发送一条透传消息，该消息包含附着完成消息。

步骤 22：eNB 基站使用上行 NAS 传输消息向新的 MME 转发附着完成消息。如果 UE 在步骤 1 中包括了 ESM 消息，那么在接收到附着接受消息及 UE 已经得到一个 PDN 地址信息以后，

UE 就可以向 eNB 基站发送上行数据包，eNB 基站通过隧道向 SGW 和 PGW 传输数据。

步骤 23：在接收到步骤 21 的初始上下文响应消息和步骤 22 的附着完成消息后，新的 MME 向 SGW 发送一条升级承载请求消息。

步骤 24：SGW 发送升级承载响应消息给新的 MME 确认，SGW 就可以发送缓存的下行数据包。

步骤 25：在 MME 接收到升级承载响应消息后，如果附着类型没有指示切换并且建立了一个 EPS 承载，那么签约数据指示用户切换到非 3GPP 网络。如果 MME 选择了一个不同于 HSS 指示的 PGW 标识的 PGW，那么 MME 向 HSS 发送一条包含 APN 和 PTGW 标识的通知请求消息，用于实现非 3GPP 接入的移动性。

步骤 26：HSS 存储 APN 和 PGW 标识对，并向 MME 发送通知响应消息。

4.10　NB-IoT 的去附着过程

在 NB-IoT 中，去附着包括显式去附着和隐式去附着。显式去附着指由网络或 UE 通过明确的信令方式去附着；隐式去附着指在网络侧注销 UE，但不通过信令方式告知 UE。去附着过程包括 UE 发起的去附着过程和 MME 发起的去附着过程。UE 发起的去附着过程如图 4-10-1 所示，具体步骤如下。

NB-IoT 网络的去附着过程

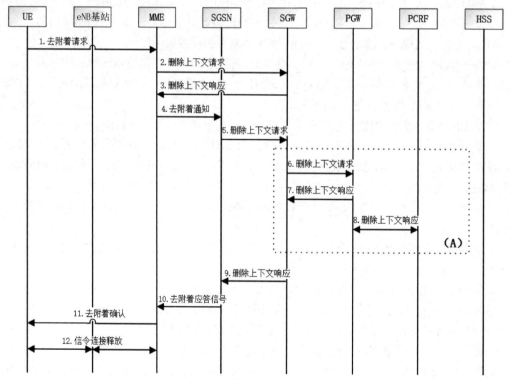

图 4-10-1　UE 发起的去附着过程

步骤 1：UE 向 MME 发送去附着请求消息。参数 Switch Off 用于指示是否由关机导致去附着。

步骤 2：如果 UE 没有激活的 PDN 连接，那么不需要执行步骤 2～步骤 10。对于任何到 SCEF 的 PDN 连接，MME 应向 SCEF 指示 UE 的 PDN 连接不可用，并且不需要执行步骤 2～步骤 10。

如果 UE 存在连接到 PGW 的 PDN 连接，那么 MME 向 SGW 发送释放会话请求消息。

步骤 3：SGW 释放与 PDN 连接相关的 EPS 承载上下文信息，并向 MME 返回释放会话响应消息。

步骤 4：如果信令缩减 ISR 激活，那么 MME 向 UE 注册的 SGSN 发送去附着指示消息。Cause 值用于指示去附着已完成。

步骤 5：SGSN 向 SGW 发送释放会话请求，以便 SGW 删除与 UE 相关的分组数据协议（PDP）上下文。

步骤 6：如果 ISR 激活，那么 SGW 去激活 ISR。在 ISR 去激活之后，SGW 向 PGW 发送释放会话请求消息。如果 ISR 未激活，那么根据步骤 2 触发 SGW 向 PGW 发送释放会话请求消息。

步骤 7：PGW 向 SGW 回复释放会话响应消息。

步骤 8：如果网络部署了策略和计费执行功能（PCEF），那么 PGW 发起 PCEF 初始 IP-CAN 信令终止过程，告知 PCRF 已释放 UE 的 EPS 承载。

步骤 9：SGW 向 SGSN 回复释放会话响应消息。

步骤 10：SGSN 向 MME 回复去附着应答消息。

步骤 11：如果 switch Off 指示去附着不是由关机导致的，那么 MME 向 UE 发送去附着接受消息。

步骤 12：MME 向 eNB 基站发送 S1 释放命令，以释放该 UE 的 S1-MME 信令连接。

MME 发起的去附着过程如图 4-10-2 所示，具体步骤如下。

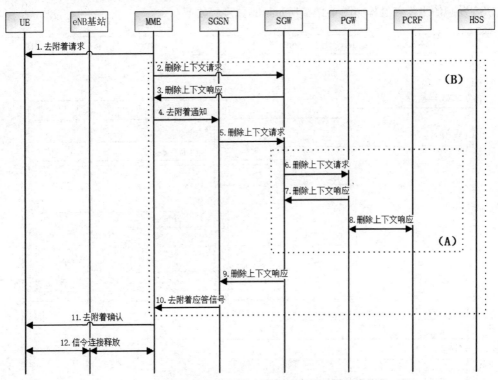

图 4-10-2　MME 发起的去附着过程

步骤 1：MME 发起显式或隐式去附着。对于隐式去附着，MME 不向 UE 发送去附着请求消息。如果 UE 处于连接状态，那么 MME 可显式地向 UE 发起去附着请求消息；如果 UE 处于空闲状态，那么 MME 可先寻呼 UE。

步骤 2：如果 UE 没有激活的 PDN 连接，那么不需要执行步骤 2～步骤 10。对于任何到 SCEF 的 PDN 连接，MME 应向 SCEF 指示 UE 的 PDN 连接不可用，并且不需要执行步骤 2～步骤 10。对于到 PGW 的 PDN 连接，MME 向 SGW 发送释放会话请求。

步骤 3：SGW 释放与 PDN 连接相关的 EPS 承载上下文信息，并向 MME 返回释放请求响应消息。

步骤 4：如果 ISR 激活，那么 MME 向 UE 注册的 SGSN 发送去附着指示消息。Cause 值用于指示去附着已完成。

步骤 5：SGSN 向 SGW 发送去附着会话请求，以便 SGW 删除与 UE 相关的 PDP 上下文。

步骤 6：如果 ISR 激活，那么 SGW 去激活 ISR。在 ISR 去激活之后，SGW 向 PGW 发送释放会话请求消息。如果 ISR 未激活，那么根据步骤 2 触发 SGW 向 PGW 发送释放会话请求消息。

步骤 7：PGW 向 SGW 回复释放会话响应消息。

步骤 8：如果网络部署了 PCEF，那么 PGW 发起 PCEF 初始 IP-CAN 信令终止过程，告知 PCRF 已释放 UE 的 EPS 承载。

步骤 9：SGW 向 SGSN 回复释放会话响应消息。

步骤 10：SGSN 向 MME 回复去附着响应消息。

步骤 11：如果 UE 接收到 MME 在步骤 1 发送的去附着请求消息，那么 UE 向 MME 发送去附着接受消息。

步骤 12：MME 向 eNB 基站发送 S1 释放命令以释放该 UE 的 S1-MME 信令连接。

HSS 发起的去附着过程如图 4-10-3 所示，具体步骤如下。

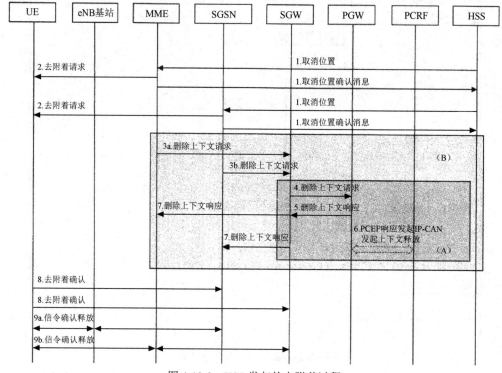

图 4-10-3　HSS 发起的去附着过程

步骤 1：如果 HSS 希望立即删除用户的 MME 上下文和 EPS 承载，那么 HSS 向 UE 注册的 MME 及 SGSN 发送取消位置消息，并将 Cmce11ation Type 设置为"Subscription Withdrawn"。

步骤 2：如果 Cmcellation Type 为 "Subscription Withdrawn"，并且 UE 处于连接状态，那么 MME/SGSN 向 UE 发送去附着请求消息。如果取消位置消息携带了指示 UE 重新附着的标识，那么 MME/SGSN 应将去附着类型设置为 "需要重新附着"。如果 UE 处于空闲状态，那么 MME 可先寻呼 UE。

步骤 3 分为以下两部分。

步骤 3a：如果 UE 没有激活的 PDN 连接，那么不需要执行步骤 3～步骤 7。如果 MME 有激活的 UE 上下文，那么对于任何到 SCEF 的 PDN 连接，MME 应向 SCEF 指示 UE 的 PDN 连接不可用，并且不需要执行步骤 3～步骤 7。对于到 PGW 的 PDN 连接，MME 向 SGW 发送释放会话请求，以指示 SGW 释放 EPS 承载上下文信息。

步骤 3b：如果 SGSN 有激活的 UE 上下文，那么 SGSN 向 SGW 发送释放会话请求，以指示 SGW 释放 EPS 承载上下文信息。

步骤 4：SGW 释放与 PGW 相关的 EPS 承载上下文信息，并向 PGW 发送释放会话请求消息。

步骤 5：PGW 向 SGW 回复释放会话响应消息。

步骤 6：如果网络部署了 PCEF，那么 PGW 发起 PCEF 初始 IP-CAN 信令终止过程，告知 PCRF 已释放 UE 的 EPS 承载。

步骤 7：SGW 向 MME/SGSN 回复释放会话响应消息。

步骤 8：如果 UE 接收到 MME 在步骤 1 发送的去附着请求消息，那么 UE 向 MME 发送去附着接受消息。

步骤 9 分为以下两部分。

步骤 9a：MME 在收到去附着接受消息后，向 eNB 基站发送 S1 释放命令，以释放该 UE 的 MME 信令连接。

步骤 9b：在 MME 收到去附着接受消息，并且去附着类型指示不需要 UE 发起新的附着过程时，SGSN 释放 PS 信令连接。

4.11 TAU 过程

在 NB-IoT 中，UE 支持 TAU 过程，对于周期性 TAU，若 TAU 定时器超时，则 UE 发起 TAU 过程。UE 应支持通过 TAU 向网络请求采用 CIoT 优化方案且指示 UE 支持的方案。在 TAU 过程中，与初始附着类似，UE 与 MME 协商以下内容。

（1）UE 是否支持控制面传输模式。

（2）UE 是否支持用户面传输模式。

（3）UE 优先选择控制面传输模式还是用户面传输模式。

（4）UE 是否支持 S1-U 接口数据传输，即传统 EPS 过程。

（5）UE 是否支持不携带 PDN 连接的附着过程。

（6）UE 是否要求采用联合附着来传输 SMS。

（7）UE 是否支持控制面传输模式的报头压缩。

NB-IoT 网络的跟踪
区更新过程

在 Rel-13 版本的 NB-IoT 核心标准中，类似于初始附着，UE 应在 TAU 过程中指示支持控制面传输模式和 S1-U 接口数据传输，应支持不携带 PDN 连接的附着过程，而不要求采用联合附着来传输 SMS。为了实现高效传输，还应在 TAU 过程中指示支持控制面传输模式的报头压缩。

在传统 E-UTRAN 中的 UE 执行 TAU 过程的触发条件的基础上，NB-IoT 中的 UE 触发 TAU

的条件还包括 UE 中优先网络行为信息的变化和可能导致与服务 MME 提供的支持网络行为不相容的条件。

由于 NB-IoT 中的 UE 一般不移动，并且暂不支持在 2G、3G 网络中接入，因此下面仅以 SGW 不变的 TAU 过程为例来介绍 NB-IoT 中 UE 发起的 TAU 过程，如图 4-11-1 所示。

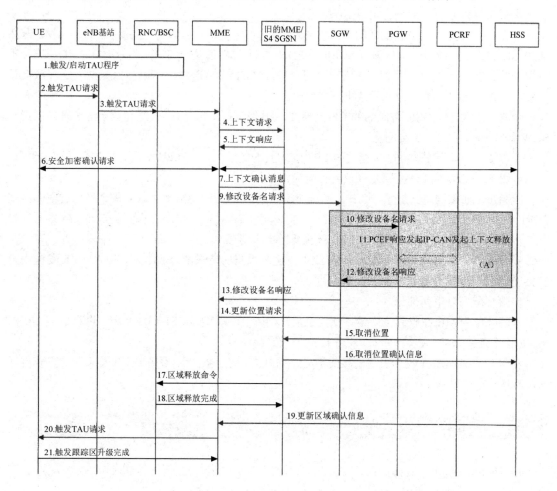

图 4-11-1 NB-IoT 中 UE 发起的 TAU 过程

与传统 E-UTRAN 中的 UE 相比，NB-IoT 中 UE 发起的 TAU 过程如下。

步骤 1：NB-IoT 初始化 TAU 功能。

步骤 2：UE 向 eNB 基站发送 TAU 请求消息，包含优选网络行为，以指示 UE 期望使用的 NB-IoT 通信技术方案。对于没有任何激活 PDN 连接的 NB-IoT 中的 UE，UE 在消息中不携带激活标记或 EPS 承载状态字段，而对于持有 Non-IP 的 PDN 连接的 UE，UE 需要在消息中携带 EPS 承载状态字段。即便已经在之前协商过 eDRX 参数，需要启用 eDRX 模式的 UE 也需要在消息中包括 eDRX 参数。

步骤 3：eNB 基站依据旧的 GUMMEI、已选网络指示和 RAT 类型得到 MME 地址，并向选定的 MME 转发 TAU 请求消息，转发消息还须携带小区的 RAT 类型，以区分 NB-IoT 和 E-UTRAN 类型。

步骤 4：在跨 MME 的 TAU 过程中，新的 MME 根据接收到的 GUTI 获取旧 MME 的地址，并向其发送上下文请求消息来提取用户信息。如果新的 MME 支持 CIoT 优化功能，那么该消息还须携带 CIoT 优化支持指示，以明示所支持的多种 CIoT 优化功能。

步骤 5：在跨 MME 的 TAU 过程中，旧的 MME 向新的 MME 返回上下文响应消息，其中包含 UE 特有的 eDRX 参数。如果新的 MME 支持 CIoT 优化功能且该 UE 与旧的 MME 协商过报头压缩，那么该消息还须携带报头压缩配置以包含 ROHC 通道信息，但 ROHC 通道信息并不是 ROHC 上下文本身。

步骤 6：对于没有任何激活 PDN 连接的 NB-IoT 中的 UE，上下文响应消息不包含 EPS 承载上下文信息。基于支持 CIoT 优化功能指示，旧的 MME 仅传送新的 MME 支持的 EPS 承载上下文。如果新的 MME 不支持 CIoT 优化功能，那么旧的 MME 不会向新的 MME 传送 Non-IP 的 PDN 连接信息。如果一个 PDN 连接的 EPS 承载上下文没有被全部转移，那么旧的 MME 将该 PDN 连接的所有承载视为失败，并触发 MME 请求的 PDN 断开程序来释放 PDN 连接。旧的 MME 在接收到上下文确认消息后丢弃缓存数据。

步骤 7：对于没有任何激活 PDN 连接的 NB-IoT 中的 UE，省略步骤 8、步骤 12 和步骤 13。

步骤 9：针对每个 PDN 连接，新的 MME 向 SGW 发送修改承载请求消息。如果新的 MME 接收到与 SCEF 相关的 EPS 承载上下文，那么新的 MME 将更新 SCEF 的连接。在控制面传输模式下，如果 SGW 中缓存了下行数据，并且这是一个 MME TAU 过程，MME 移动性管理上下文中的下行数据缓存定时器尚未过期，或者在跨 MME 的 TAU 场景下，旧的 MME 在步骤 5 的上下文响应中有缓存下行数据等待指示，那么 MME 还应在修改承载请求消息中携带传送 NAS 用户数据的 S11-U 接口隧道指示，包括自己的 S11-U 接口的 IP 地址和 MME DL TE ID，用于 SGW 转发下行数据。MME 也可以在没有 SGW 缓冲下行数据时这样做。

步骤 13：SGW 更新它的承载上下文并向新的 MME 返回一条修改承载请求消息。

在控制面传输模式下，如果步骤 9 的消息中包含 MME 地址及 MME DL TE ID 字段，那么 SGW 在修改承载请求消息中包含 SGW 地址和 SGW UL TE ID 信息，并且向 MME 发送下行数据。

步骤 20：MME 向 UE 回应 TAU 接受消息，该消息包含支持的网络行为字段携带 MME 支持及偏好的 CIoT 优化功能。对于没有任何激活 PDN 连接的 NB-IoT 中的 UE，TAU 接受消息不携带 EPS 承载状态信息。如果在步骤 5 中 MME 成功获得报头压缩配置参数，那么 MME 通过每个 EPS 承载的报头压缩上下文状态指示 UE 继续使用先前协商的配置。当报头压缩上下文状态指示以前协商的配置可以不再被一些 EPS 承载使用，UE 将停止在这些 CIoT 优化的 EPS 承载上收发数据时执行报头压缩和解压缩。如果 UE 包括 eDRX 参数信元且 MME 决定启用 eDRX 模式，那么 MME 应在 TAU 接受消息中包括 eDRX 参数信元。

步骤 21：如果 GUTI 已经改变，那么 UE 通过向 MME 返回一条跟踪区升级完成消息来确认新的 GUTI。如果在 TAU 请求消息中"Active Flag"未置位，并且这个 TAU 过程不是在 ECM_Connected 连接状态下发起的，那么 MME 释放与 UE 的 NAS 信令连接。对于支持 CIoT 优化功能的 UE，当"CP Active Flag"置位时，MME 在 TAU 过程完成后不应立即释放与 UE 的 NAS 信令连接。

思政微课："天眼"
之星——南仁东

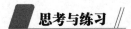 **思考与练习**

一、单选题

1. 在 NB-IoT 中，1 条 NPRACH 内部频域上的 4 个符号组之间的＿＿＿＿，每次发送和重复发送时采用伪随机跳频的方式，伪随机跳频有范围限制。（　　）

A．跳时

B．跳频

C．跳帧

D．跳跃

2．考虑到系统和 UE 的复杂度及有限的系统带宽，NB-IoT 舍弃了 LTE 系统中的_____、PHICH 等物理信道。（　　）

A．PUDDA

B．NPUSCH

C．PUCCA

D．PUCCH

3．在 NB-IoT 中，NPSS 的周期是 10ms，在子帧 5 上传输；NSSS 的周期是_____ms，在子帧 9 上传输。（　　）

A．10

B．15

C．25

D．20

4．与 LTE 系统一样，NB-IoT 的 UE 在解码_____时，通过 CRC 掩码确定小区的天线端口数量。（　　）

A．NPCBH

B．NPBCH

C．CADBH

D．CNPAH

5．在 NB-IoT 的带内部署模式下，需要指示该小区标识是否与_____小区标识一致。（　　）

A．E-USBAN

B．E-UTRAN

C．E-UFOAN

D．E-UYBAN

6．UE 在小区选择_____执行寻呼过程。（　　）

A．开始后

B．完成后

C．中途

D．总结后

7．NB-IoT 的_____过程是 UE 开展业务前在网络中的注册过程。（　　）

A．附着

B．粘贴

C．复制

D．剪贴

8．在 NB-IoT 中，如果 UE 在附着请求消息中设置了加密选项传输标记，那么可以从 UE 获取 PCO 或_____等加密选项。（　　）

A．APM

B．APN

C．ABN

D．ABM

二、多选题

1．下列属于 MME 发起的去附着过程的有_____。（　　）

A．SGSN

B．PGW

C．EPS

D．SGW

2．在 Rel-13 版本的 NB-IoT 核心标准中，类似于初始附着，UE 应在 TAU 过程中指示支持_____模式和_____数据传输。（　　）

A．TAU

B．UE

C．控制面传输

D．S1-U 接口

三、判断题

1．在 NB-IoT 中，UE 关联的信令连接被中断之前，需要交换已经提供给各节点的信息。（　　）

2．在 NB-IoT 中，接收到测量报告后，需要先通过 X3 接口向目标小区发送切换申请。（　　）

第5章

CoAP 的基础知识

本章内容简介

CoAP 即受限应用协议（Constrained Application Protocol），是一种物联网世界的类 Web 协议。物联网适合使用 CoAP 这种轻量级的协议。物联网世界的通信管道和终端设备（TE）都受限，对于大量数据的传输，CoAP 是一种更好的数据传输方案。CoAP 是一种面向网络的协议，采用了与超文本传输协议（HTTP）的特征，核心内容为资源抽象、表象化状态转变（REST）式交互及可扩展的头选项等。

本章主要介绍 CoAP 的基础知识，包括 CoAP 概述、CoAP 的特点、Code 字段、Options 字段等。

课程目标

知识目标	（1）熟悉 CoAP 的基本功能 （2）熟悉 CoAP 的结构特点 （3）了解 CoAP 的应用场景
技能目标	（1）能够掌握 CoAP 的基本功能 （2）能够掌握 CoAP 的结构特点
素质目标	通过自主查阅资料，了解 CoAP 的基础知识，提高辩证唯物主义的思维能力
思政目标	学习华为精神，坚定科技强国、技能强身的学习信念
重难点	重点：CoAP 的基本功能 难点：CoAP 的结构特点
学习方法	自主查阅、类比学习、头脑风暴

5.1 CoAP 概述

物联网设计的初衷是通过大数据，分析终端采集的数据，以颠覆传统行业的通信方式。物联网目前遇到的最大问题是环境恶劣且非常不稳定，如没有稳定的电源、无线带宽、实验室周报等，所以物联网领域一般会使用轻量级的协议，如知名的消息队列遥测传输（MQTT）协议、可扩展消息处理现场协议（XMPP）及 CoAP。物联网主要使用 CoAP 和 MQTT 协议，这两个协议都是应用层的协议。

1. MQTT 协议

MQTT 协议是 IBM 开发的即时通信协议。目前，华为云的物联网平台架构主要使用物联网平台，或者说，是在应用服务器与网关之间进行通信的协议。

CoAP 协议概述

2. CoAP

CoAP 是受限制的应用协议，CoAP 应用如图 5-1-1 所示。

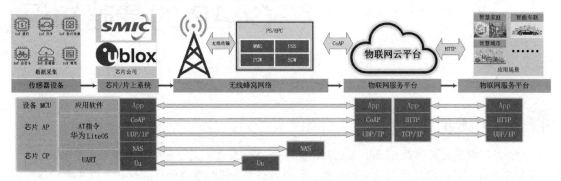

图 5-1-1　CoAP 应用

协议受限制主要体现在两方面，一方面是终端本身是小型设备，它的能力是有限的，如闪存是 256KB、内存是 32KB 的典型值，又如主频值是 20MHz，相较于现代通信系统的硬件配置，它的硬件能力是较差的；另一方面体现在网络，CoAP 是一个窄带的物联网通信协议，应用于轻量级物联网通信中。例如，网络就是一个轻量级、窄带的网络，也是一个受限制的网络，它的传输带宽实际上只有 180kHz，所以传输的数据是非常少的。对物联网设备而言，进入互联网存在一定难度。在由计算机组成的世界中，主要通过传输控制协议（TCP）、应用层的 HTTP 来交换信息，对物联网小型设备而言，通过 TCP 和 HTTP 这些协议来传输数据显然是很困难的，所以 CoAP 这种轻量级的协议更加适合物联网。这种轻量级主要体现在终端的轻量级和通信管道的轻量级上。

NB-IoT 协议栈是端到端的，包括端侧、通信网络、云端三部分。

CoAP 在通信双方之间，即通信网络与物联网平台之间，中国移动部署的网络平台、阿里云的物联网平台、华为云的物联网平台都是支持 CoAP 传输的，这里的 CoAP 用于封装应用层的数据，如电表度数、温湿度、光照强度等，这些应用层的数据都是先通过 CoAP 进行封装，再上报到物联网平台的。

从终端这一侧开始，终端会封装通信业务上的数据，并将这些数据通过无线通信网络上传至上一级。以上报数据为例，终端会先封装应用层的数据，再通过 CoAP 封装 CoAP 面，然后通过传输层的通用中继线协议（UTP）进行 UTP 封装，即打上一个 IP 的报头。从通信的角度来说，以上封装的数据就是应用层的数据，先通过 NAS 协议封装应用层的数据，再进行空口传输封装，这样逐层封装之后，就可以通过无线通信网络向基站传输数据了。而基站在接收到数据后，就会进行解封装，将接收到的数据解封装为原来的 NAS 消息，NAS 消息通过 S1 控制面接口传输到核心网，在核心网进行 NAS 消息的解封装，再将解封装之后的消息封装为一个用户层面的 GPRS 隧道协议（GTP-U）的数据包，将此数据包转发给相应的网关，即与核心网连接的网关，网关对此数据包进行解封装，去掉 GTP 报头之后，将其传输给物联网平台，物联网平台会通过进一步地解封装，剥离 UDP 头部 IP 信息，剩下的数据就是一个 CoAP 消息。CoAP 消息携带着应用层的数据，可以在物联网平台上直接处理，也可以不处理而直接转发给应用服务器进行处理，这取决于物联网平台与应用服务器之间的约定。当然，最终的应用层数据（如电表度数、温湿度、光照强度等）要传输到应用服务器上，应用层的数据是在物联网平台这一侧，解封装 CoAP 消息之后，将应用层数据再次封装为一个 HTTP 消息。物联网平台和应用服务器之间不是用 CoAP 传输数据的。CoAP 的通信双方必须要有对等的协议栈，这样终端、基站、物联网平台及应用服务器之间才能通信。

5.2　CoAP 的特点

应用程序通过统一资源标识符（URI）来获取服务器上的资源，即可以像 HTTP 一样对资源进行 GET、PUT、POST 和 DELETE 等操作。CoAP 具有以下特点。

CoAP 协议的特点

（1）报头压缩。CoAP 包含一个紧凑的二进制报头和扩展报头，紧凑的二进制报头只有 4B 的基本报头，基本报头后面有扩展选项，一个典型的请求报头为 10～20B。

（2）基于 URIs 格式的操作方法。为了使客户端访问服务器上的资源，CoAP 支持 GET、PUT、DELETE 和 POST 等操作方法。CoAP 还支持 URIs 格式，这是 Web 架构的主要特点。

（3）传输层使用 UDP。CoAP 建立在 UDP 之上，以减少开销并支持多播功能。CoAP 支持简单地停止和等待的可靠性传输机制。

目前，最新的 CoAP 版本支持 TCP，但是就部署而言，所使用的绝大多数传输层协议还是 UDP，因为 TCP 的传输有三次握手，交互的信息比较多，而且一个 TCP 数据包的头部长度可以达到数十字节，信息量比较大，所以对 NB-IoT 这种受限制的网络及其终端来说，都是比较大的负担。

（4）支持异步通信。HTTP 不适用于 M2M 通信，这是因为事务总是由客户端发起的。CoAP 支持异步通信，这对 M2M 通信应用来说是常见的休眠/唤醒机制。

（5）支持资源发现。为了自主地发现和使用资源，CoAP 支持内置的资源发现格式，用于发现设备上的资源列表或者用于设备向服务目录公告自己的资源。

（6）支持缓存。CoAP 支持资源描述的缓存，以优化其性能。

（7）支持 IP 多播通信模式。一个服务器可以同时向多个设备发送请求。

（8）基于非长连接的通信。NB-IoT 在通过 CoAP 发送数据后，要立即释放非长连接的通信，CoAP 适用于低速率、低延迟、低功耗的物联网场景，如 NB-IoT 通信互联网相关场景。CoAP 不是盲目地压缩 HTTP。考虑到资源受限设备的低处理能力和低功耗限制，CoAP 重新设计了 HTTP 的部分功能，以适应设备的约束条件。CoAP 是二进制格式，其消息的最小长度是 4B，HTTP 是文本格式且以字节（B）为单位，因此 CoAP 比 HTTP 更加紧凑。另外，为了使协议适应物联网和 M2M 应用，CoAP 改进了一些机制，同时增加了一些功能。CoAP 和 HTTP 在传输层有明显的区别。HTTP 的传输层采用了 TCP，而 CoAP 的传输层使用 UDP，从 HTTP 到 CoAP，开销明显减少，并支持多播功能。HTTP 的网络层采用 IP，而 CoAP 的网络层使用低功耗无线个人区域网上的 IPv6（6LoWPAN）协议。由于传输控制协议/互联网协议（TCP/IP）协议栈不适用于资源受限的设备，因此提出了基于 6LoWPAN 的 CoAP，如图 5-2-1 所示。

CoAP 采用了双层结构，交易层处理节点间的信息交换，也向多播和拥塞控制提供支持。请求/响应层可以传输操作资源的请求和响应信息。CoAP 的 REST 构架基于交易层的通信，REST 请求附在一个 CON 或 NON 消息上，而 REST 响应附在匹配的 ACK 消息上。CoAP 的双层处理方式使得 CoAP 没有采用 TCP，也可以提供可靠的传输机制。利用默认的定时器和指数增长的重传间隔时间可以重传 CON 消息，直至接收方发出确认消息为止。另外，CoAP 的双层处理方式支持异步通信，这是物联网和 M2M 应用的关键需求。

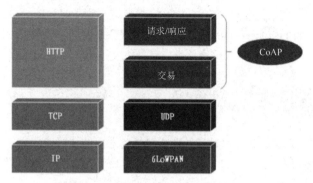

图 5-2-1   基于 6LoWPAN 的 CoAP

可以将 REST 理解为一种约定俗成的文件使用风格。相应地，符合该风格的格式被称为 REST 架构。表现层是指资源的表现层，通俗来讲就是资源以某种数据交换格式表现出来。状态转化是指对资源的操作，操作方法包括创建、查询、修改、删除等，这些操作方法与 HTTP 或者 CoAP 提供的方法相匹配。资源就是数据，资源的表现形式就是数据的表现形式，资源通过上述格式进行封装或者进行数据格式的转化。例如，上网就是与互联网的一系列资源互动，我们在浏览新闻时，会点击新闻专栏查看新闻信息，新闻就是资源，也是数据，以内容格式表现。查看新闻是指利用搜索方法查找想要的数据，REST 架构利用 GET 操作方法查看资源，上网就是调用资源数据对应的 URI，查找或者获取资源数据就是在利用 URI 进行查找。例如，输入一个网址，网址就是一个资源，将网址输入地址栏中就是用 GET 操作方法查看网址内容。资源的表现形式有多种，如 JSON 格式、XML 格式，其中 JSON 格式是一种轻量级数据交换格式，它基于 ECMAScript 的一个子集，采用完全独立于编程语言的文本格式来存储和表示数据。简洁和清晰的层次结构使得 JSON 格式的结构组成理想的数据交换语言，JSON 格式便于用户阅读和编写，同时便于计算机解析和生成，并可以有效地提高网络传输效率。XML 是可扩展标记语言，是一种用于标记电子文件并使其具有结构性的语言。

5.3 CoAP 的报文结构

CoAP 的报文结构和其他 TCP/IP 协议簇中的协议一样，CoAP 总是以"头"的形式出现在负载之前，图 5-3-1 所示为 CoAP 的报文结构。

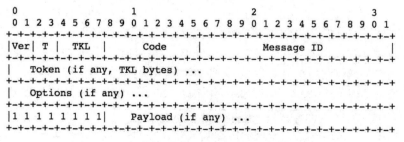

CoAP 协议报文
结构简介

图 5-3-1   CoAP 的报文结构

CoAP 头也被称为消息头,负载也被称为消息体,负载和 CoAP 头之间使用单字节 0xFF 分离,即消息体与消息头之间使用单字节 0xFF 分离。应用层的数据置于消息体里上报,而消息体前面的部分都是消息头,它为消息体提供辅助。CoAP 头部的第一行信息共有 4B,即 32bit 二进制数字,CoAP 必须包含此行信息,而第二行信息 Token 和第三行信息 Options 都是可选的,需要时才会出现,不需要时可以不包含在 CoAP 中。第一行信息中有 5 个字段,每个字段都有相应的含义。

第一行第一个字段"Ver"表示 CoAP 版本号,类似于 HTTP1.0、HTTP1.1。这个字段为 2bit 信息,相较于 HTTP,CoAP 的任何信息都以字节(B)为单位。

第一行第二个字段 T 也是 2bit 信息,表示报文类型,也可以将其理解为 CoAP 消息类型。CoAP 定义了 4 种形式的报文,即 CON 报文、NON 报文、ACK 报文和 RST 报文。

CON 报文:需要确认可靠性的消息的请求,如果 CON 请求被发送,那么对方必须做出响应。这一点类似于 TCP,对方必须确认接收到消息,用于可靠消息传输。

NON 报文:不需要确认的消息的请求,如果 NON 请求被发送,那么对方不必做出回应,这适用于重复、频繁地发送消息的情况,丢包不影响正常操作,与 UDP 类似,用于不可靠消息的传输。

ACK 报文:应答消息,如对接收到的 CON 消息的响应。

RST 报文:复位消息,如果接收者接收的消息包含一个错误,接收者解析消息或者不再关心发送的内容,那么将发送复位消息。

第一行第三个字段是 TKL(标识长度),具有 4bit 的信息。在 CoAP 中有两种功能相似的标识符,即 Message ID(报文编号)和 Token(标识符)。每个报文均包含 Message ID,但是 Token 对报文来说是非必需的。

第一行第四个字段是 Code,表示请求码/响应码。Code 在 CoAP 请求报文和响应报文中具有不同的表现形式,Code 占 1B,也就是 8bit,它分为两部分,前 3bit 表示一部分,后 5bit 表示另一部分,不同的编码表示请求报文或者响应报文。为了方便描述,它被写为"c.dd"结构,其中,0.XX 表示 CoAP 中某种请求方法,而 2.XX、4.XX 或 5.XX 表示 CoAP 响应的某种具体表现。

第一行第五个字段是 Message ID,它有 16bit 信息,用于重复消息检测、匹配消息类型等。每个 CoAP 报文都有一个 ID,在一次会话中,ID 保持不变。但是在这次会话结束之后,该 ID 会被回收利用。匹配消息类型是指在上面表示报文类型的四种形式报文的前两种和后两种类型的匹配,即 CON 报文、NON 报文和 ACK 报文、RST 报文的匹配。重复发送的 Message ID 是不变的。

CoAP 的第一行字段就是由这五个字段组成的,所以 CoAP 消息的长度最小是 4B,即只有第一行头部信息的 CoAP 消息。

Token 字段表示标识符的具体内容,是 ID 的另一种表现,用于关联请求和响应,Token 值为 0~8B 的序列。每条消息即使长度为 0,也必须带有一个标记。每个请求都带有一个客户端生成的 Token,服务器在任何结果响应中都必须对其进行回应。例如,在通过 CoAP 进行 CON 报文通信时,所发送的请求必须有响应作为应答被传送回来,这样请求和响应是成对出现的,如果指向同一个消息,请求和响应就有相关性,必须进行匹配。这时请求和响应就通过 Token 进行匹配和关联。Token 类似于 Message ID,用于标记消息的唯一性。Token 还是消息安全性的一个设置,使用全 8B 的随机数,使伪造的报文无法通过验证。CoAP 运行在 UDP 之上,请求/响应并不像 HTTP 那样通过先前建立的连接发送消息,而是采用异步方式交换消息。如果客户端在传输层非安全性的情况下发送请求,那么很容易被第三方伪造响应,使用 Token 之后,可以有效防止响应欺骗。

注意，每个请求消息必须带有 Token。

Options 字段表示报文选项，用于设定 CoAP 主机、CoAP URI、CoAP 请求参数和负载媒体类型等。请求消息与响应消息都可以有 0 个或者多个 Options，主要用于描述请求或者响应对应的各个属性，类似于相关参数或者特征的描述，例如是否用到代理服务器、目的主机的端口等。

1111 1111 字段表示 CoAP 报文和具体负载之间的分隔符，固定长度为 1B。

最后一个字段 Payload 表示实际携带负载的数据内容，即负载。请求和响应的负载通常是资源中的表现形式或者响应执行的结果，格式由 Content-Format 字段确定。如果客户端或者服务器中出错的响应包含 Content-Format，那么负载是请求结果的执行，否则负载是一个诊断负载，诊断负载通常是描述错误信息的字符串。

5.4　Code 字段

在 CoAP 中，Code 字段（见图 5-4-1）的长度总共为 8bit，也就是 1B。

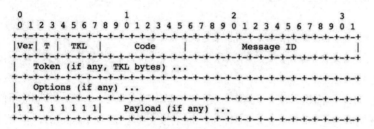

Code 字段详解

图 5-4-1　Code 字段

Code 字段分为两部分，前 3bit 为一部分，后 5bit 为另一部分。为了便于阅读，Code 这种编码被描述成"c.dd"的形式，c 代表前 3bit，dd 代表后 5bit，如 0.01、2.00 等。以 0 开头的 0.XX 表示 CoAP 中某种请求方法，请求方法就是操作资源的四种请求方式。而以 2 开头的 2.XX、以 4 开头的 4.XX 和以 5 开头的 5.XX 都表示 CoAP 响应的具体表现，首位数字不一样表示不同的含义。首先介绍 CoAP 中的请求方法，一共有四种，即 0.01～0.04，其中，0.01 表示 GET 方法，用于获取或者查看某个资源或者资源组的信息；0.02 表示 POST 方法，用于创建某个资源或资源组的信息；0.03 表示 PUT 方法，用于修改或者更新某个资源或资源组的信息；0.04 表示 DELETE 方法，用于删除某个资源或资源组的信息，但如果一种请求方法不能够被识别，也就是说，这种请求方法不属于以上四种，如 0.05，那么这种方法是不合法的或者有问题的，这时接收端就需要给发送端返回一个 4.05 的响应码，这个响应码就表示请求方法是不允许的（非法的）。注意，Piggybacked response 表示附带的响应，也就是说，该响应可以被加入其他数据的返回值里发送给接收端。

CoAP 中的请求方法在 RESTful API（应用程序接口）中的典型应用如表 5-4-1 所示。

表 5-4-1　CoAP 中的请求方法在 RESTful API（应用程序接口）中的典型应用

资源	GET 方法	PUT 方法	POST 方法	DELETE 方法
一组资源的 URI，如 CoAP://example.com/resources/	列出 URI 资源，以及该资源组中每个资源的详细信息（后者是可选的）	使用给定的项目资源替换当前项目资源	在本项目资源中创建/追加一个新的资源。该操作常常返回新资源的 URL	删除整个项目资源

资源	GET 方法	PUT 方法	POST 方法	DELETE 方法
单个资源的 URI，如 CoAP://example.com/ resources/142	获取指定项目资源的详细信息，格式可以自选一个合适的网络媒体类型，如 XML、JSON 等	替换/创建指定的项目资源，并将其追加到相应的项目资源组中	把指定的项目资源当作一个资源组，并在其下创建/追加一个新的元素，使其隶属于当前项目资源	删除指定的元素

在 RESTful API 的典型应用中，资源有两种表现形式，即资源组和单个资源。下面先看一组资源的 URI，如 CoAP 后面的 "://example.com"，URI 是一个主机的名字或者域名，第一个单斜杆后面的内容表示资源的路径，resources 是一个文件夹或者地址，表示一个资源组，即有多种资源。单个资源为资源组下面的某个资源，单个资源 URI 的名称是 142，对单个资源或者一组资源进行操作，GET 方法用于查询，PUT 方法用于修改，POST 方法用于创建，DELETE 方法用于删除，表 5-4-1 中的方法与 HTTP 有同样的定义，这就是 CoAP 中的请求方法在 Request 架构中对应 API 的典型应用。

CoAP 中的响应码如下。

（1）2.XX，以 2 开头的响应码，一般表示响应是正常的或成功的，类似于 HTTP 中的 200 OK 等，说明相应的请求是没有问题的响应，并向终端发送相应的信息。2.01～2.05 分别表示创建、删除、有效响应、修改 GET 操作中的信息、获取 GET 操作中的信息。

2.01 对应的请求方法主要是 POST、PUT，就是创建、修改这两个请求所对应的响应，表示相应的资源已经被创建或者被修改。注意，not cacheable 表示不能缓存，也就是说，相应响应的具体内容是不能被缓存的，2.01 是将创建、修改的操作响应不经缓存而直接发送。

2.02 主要对应的请求方法是 POST、DELETE，就是不经缓存而直接发送 POST 和 DELETE 的操作响应。

2.03 是指状态的有效性，用于指示请求方法中 ETag 字段的响应是有效的，并且响应中必须包含该 ETag 字段，但不能包含负载信息。ETag 是指实体标签，一般不能以明文的形式反映给客户端，在资源的各个生命周期中，它都有不同的值用于标识资源的一个状态。当资源发生变更时，如果该资源信息或者消息体发生变化，那么 ETag 也会随之变化，所以在发起请求或者响应时，ETag 都需要和匹配的 ETag 字段成对出现。ETag 值变更说明资源状态被修改了，可以通过时间戳来获取 ETag 的信息。

2.04 表示 POST 操作和 PUT 操作的修改响应，不进行缓存。

2.05 表示 GET 操作的请求响应，该响应必须包含目标资源的响应，并且进行缓存。

（2）4.XX，以 4 开头的响应码，表示客户端的请求是有问题的，导致服务器不能对其进行处理。其中，4.00 表示请求错误，服务器无法对这个请求进行处理，类似于 HTTP 400。

4.01 表示超过权限范围，类似于 HTTP 401。

4.02 表示请求当中有错误选项。

4.03 表示服务器拒绝该请求，这个请求有可能是非法的，类似于 HTTP 403。

4.04 表示服务器找不到资源，类似于 HTTP 404。

4.05 表示该请求方法是无效的、非法的，类似于 HTTP 405。

4.06 表示请求的选项和服务器生成的内容选项不一致，类似于 HTTP 406。

4.12 表示请求参数不足，类似于 HTTP 412。

4.15 表示请求中的媒体类型不被支持，类似于 HTTP 415。

（3）5.XX，以 5 开头的响应码，表示是服务器的问题，而不是客户端的问题。

5.00 表示服务器内部的错误，导致不能处理客户端的请求，类似于 HTTP 500。

5.01 表示服务器无法支持请求内容，类似于 HTTP 501。

5.02 表示服务器作为网关时，接收了一个错误的响应，类似于 HTTP 502。

5.03 表示服务器过载或者维护停机，类似于 HTTP 503。

5.04 表示服务器作为网关执行请求时，发生了超时错误，类似于 HTTP 504。

5.05 表示服务器不支持代理功能。

5.5　Options 字段

　　Options 字段表示可选项，可以是 0 个或多个选项。在 CoAP 报文中，请求消息或者回应消息不一定包含 Options 字段。Options 字段主要用于描述请求或者响应中对应的属性，类似于相关参数或者特征的描述，如是否用到代理服务器、目的主机的端口等，又如主机类型是什么、端口型号是什么、媒体类型是什么等。CoAP 定义的选项属性有两类，即重要选项和可选选项。重要选项是消息的接收方必须能够理解选项，如果消息的接收方不能理解或者不认识选项，这个消息后续的流程就无法执行。如果消息的接收方不认识可选选项，那么直接执行后续流程，不影响消息的正常处理。当通过 CoAP 处理数据时，对不能识别的可选选项可以直接忽略；对于需要确认的请求消息中不能识别的重要选项，需要返回 4.02 响应，说明该重要选项有问题，并且返回值携带该重要选项，用于诊断、调试。与此同时，拒绝该请求的响应。如果不需要确认的请求消息中存在不能识别的选项，那么必须拒绝这个消息，并且通过返回 reset 消息使发送端忽略该消息，发送下一个消息。

　　Options 字段的结构如图 5-5-1 所示。

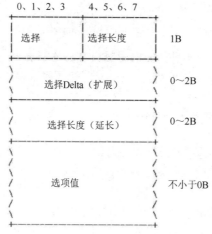

图 5-5-1　Options 字段的结构

Option 字段详解

　　选项的编码部分包含选项的编号、选项的长度和选项的值。选项的编号在消息中的实例必须按照编号顺序存储，它是按照 Delta 的方式来编号的。Delta 可以理解为差值。例如，假定选项的第一个编号是 1，这个选项实际编号就是 1，因为它是第一个，假定第二个选项的编号是 2，那么它的实际编号是 1+2=3。假定第三个选项的编号是 3，那么它的实际编号是 1+2+3=6。选项编码的长度用于描述当前选项占用的字节。Delta 的取值范围为 0～12，它表示实际占用的字节。如果 Delta 的取值是 13，那么它需要占用扩展字段中的 1B，并且表示选项编码长度减去 13 的部分；如果 Delta 的取值是 14，那么它需要占用扩展字段中的 1B，并且表示选项编码长度减去 269 的部分；如果 Delta 的取值是 15，那么保留。选项 Option value 表示选项具体的内容项。Options 字段中 value 的定义如表 5-5-1 所示。

表 5-5-1　Options 字段中 value 的定义

编码数字	value 字段所包含信息的属性				名称	格式类型	长度/bit	默认值（默认选项）
	C 位	U 位	N 位	R 位				
1	X			X	If-Match	opaque	0～8	none
3	X	X	—		Uri-Host	string	1～255	see below
4				X	ETag	opaque	1～8	none
5	X				If-None-Match	empty	0	none
7	X	X	—		Uri-Port	uint	0～2	see below
8				X	Location-Path	string	0～255	none
11	X	X	—	X	Uri-Path	string	0～255	none
12					Content-Format	uint	0～2	none
14		X	—		Max-Age	uint	0～4	60
15	X	X	—	X	Uri-Query	string	0～255	none
17	X				Accept	uint	0～2	none
20				X	Location-Query	string	0～255	none
35	X	X	—		Proxy-Uri	string	1～1034	none
39	X	X	—		Proxy-Scheme	string	1～255	none
60			X		Sizel	uint	0～4	none

在表 5-5-1 中，第一列表示编码数字，编码为 1 表示 if-match 的选项，编码为 3 表示 URI 的主机。第一行中间的 C、U、N、R 四个信息中，C 表示选项 Option 的两个属性，即重要属性或可选属性。若有值，则说明该选项是重要选项；若没有值，则说明该选项是不重要选项。U 表示基于代理在处理时，判断该选项是重要选项，还是可选选项。N 表示是否可以缓存。R 表示选项能否重复，因为有的选项是可以重复的。第一行中的 Name 表示选项的名称，CoAP 定义了 15 个应用于 Request 和 Response 的选项 Option 的数据。Uri-Host 表示指定目标资源所在的主机；Uri-Port 表示指定目标资源所在的端口；Uri-Path 表示指定目标资源绝对路径的一部分；Uri-Query 表示指定 URI 参数的一部分数据。以上这四个选项 Option 的内容项用于指定发往服务器的请求中的目标资源，还用于组合出目标资源的标识符 URI，在请求中可以包含多个内容项。Content-Format 用于指定 payload 多媒体类型的格式。CoAP 支持多种媒体类型（见表 5-5-2），采用整数值来描述。

表 5-5-2　CoAP 支持的媒体类型

媒体类型	编码类型	标识符	参考类型
text/plain;	—	0	[RFC2046]、[RFC3676]
charset=utf-8			[RFC5147]
application/link-format	—	40	[RFC6690]
application/xml	—	41	[RFC3023]
application/octet-stream	—	42	[RFC2045]、[RFC2046]
application/exi	—	47	[REC-exi-20140211]
application/json	—	50	[RFC7159]

表 5-5-2 中 ID 的整数值表示不同的多媒体类型，0 表示类型为 plain，40 表示类型为 link-format，41 表示类型为 xml，42 表示类型为 octet-stream，47 表示类型为 exi，50 表示类型为 json。其中一行没有 ID，是默认选项。UTF-8 是针对统一码（Unicode）的一种可变长度字符编码，可以表示 Unicode 标准中的任何字符，而且其编码中的第一个字节仍与 ASCII 码对应字符相容，使得原来处理 ASCII 字符的软件无须修改或只进行少部分修改便可继续使用。因此，它逐渐成为电子邮件、网页及其他存储或传送文字的应用中优先采用的编码。Unicode 只是一组字符设定或者是对数字和字符之间的逻辑映射的概念编码，但是它没有指定代码点如何在计算机上存储。UCS-4、UTF-8、UTF-16 等所含数字代表编码的最小单位，如 UTF-8 表示最小单位为 1B。

5.6　CoAP 的消息模型

CoAP 的逻辑分层模型如图 5-6-1 所示。

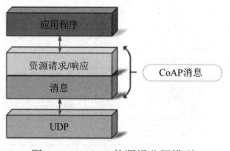

CoAP 协议的消息模型

图 5-6-1　CoAP 的逻辑分层模型

应用层数据通过 CoAP 进行封装，通过 UDP 进行传输，如果把 UDP 传输层比作一条公路，那么消息层就是公路上的汽车，资源请求/响应层就是汽车要运送的货物，相应的请求/响应内容会被包含在 CoAP 消息中进行传输，所以在逻辑上，CoAP 分为两层，即资源请求/响应层、消息层。消息层只负责控制端到端的报文交互，通俗来讲，消息层关注能否把货物运送到对端，负责运送过程的保障机制，不负责查看具体运送什么样的货物。而资源请求/响应层负责传输资源操作的请求和响应。这里的资源请求是对资源操作的请求，也就是 5.4 节中提到的那四种操作的请求方法，具体操作的结果是通过响应来反馈的，客户端与服务器的这种协议模型类似于 HTTP。CoAP 逻辑分层模型在交互时是双向的交互，而 HTTP 的交互基本上是单向的交互。CoAP 中的消息层承载的信息主要包括三类，即请求、响应、空消息。空消息是指既不是请求也不是响应的消息。

CoAP 的消息层模型用于承载资源请求/响应模型，有两种模式，即可靠传输模式和非可靠传输模式，相应的英文简称为 CON 和 NON。在可靠传输模式下，CON 消息需要 ACK 消息来确认，并且 CON 消息和 ACK 消息需要通过 Message ID 来匹配。在非可控消息传输模式下，NON 消息不需要 ACK 消息来确认。通俗来讲，可靠传输是指需要对端去确认，即需要一个 ACK 消息确认传输情况，也就是说，CON 消息类型需要与之匹配的 ACK 消息去反馈，确认消息是否收到。其具体工作过程如下：当服务器或者控制端发送一条可靠消息传输模式下的消息时，Message ID 会匹配与之对应的 ACK 消息反馈，且系统启动定时器，设置定时器接收时间间隔，即接收 ACK 消息反馈的时延，如果接收超时，即在规定的定时器时间间隔区间内没有收到对应的 ACK 消息反馈，那么消息会重新发送，来确保消息传输的可靠性。NON 消息是不需要 ACK 消息确认的，可以直接发送，没有确认和重发机制。非可靠消息传输模式对应的应用场景一般是非客户端，即只发送数据而不接收数据的终端，如一些传感器数据采集终端，只负责采集对应的传感器数据或者消息，并且向服务器发送该数据或者消息，而不负责服务器有没有收到数据或者消息，因此会存在丢数据包的可能。

下面介绍 CoAP 中消息的分类。CoAP 定义了四种消息，由报文字段中的 T 字段来确定消息种类。第一种是 CON 消息，即 Confirmable Message，表示需要确认的消息，需要接收方对消息回复 Acknowledgement 或者 Reset。第二种是 NON 消息，即 Non-confirmable Message，表示不需要确认的消息，注意，可能会出现接收方回复 Reset 的情况。第三种是 ACK 消息，即 ACK Message，是用于向发送端确认 CON 消息已收到的消息，可以携带附带响应。需要注意的是，ACK 消息既不是请求也不是响应，因为它既没有请求方法，也没有响应。ACK 消息可以携带一个响应，但是该响应不属于 ACK 消息本身的内容，所以该响应叫作附带响应，只是顺便把它带过去。第四种是 RST 消息，即 Reset Message，是用于回复收到的无法处理的消息，该消息可能是可靠消息，也可能是不可靠消息，可以通过一个空的可靠消息触发一个 RST 消息，用于终端的保活检测。而空消息（Empty Message）既不是请求的消息，也不是响应的消息。消息和响应的映射关系如表 5-6-1 所示。

表 5-6-1　消息和响应的映射关系

消息类型	CON 消息	NON 消息	ACK 消息	RST 消息
请求	√	√	—	—
响应	√	√	√	—
空	*	—	√	√

表 5-6-1 的第一行是四种消息，第一列是消息承载的三类内容。请求消息既可以是一条 CON 消息，也可以是一条 NON 消息，它绝对不能是一条 ASK 消息或者复位消息。响应消息可以是一条 CON 消息、NON 消息或者 ACK 消息，这里响应中的 ACK 是附带响应的 ACK 消息，不能是复位消息。空消息在 CON 消息中，标记星号（*）表示只是为了让接收方发送一个复位消息，消息内不含任何内容，是空的，用来保活检测。ACK 如果不携带附带响应，那么它就是一个空消息，而复位消息也是一个空消息。

思政微课：地质之星——李四光

思考与练习

一、单选题

1. CoAP 的英文全称为＿＿＿＿＿＿＿ Application Protocol。（　　）

A．Constatined　　　　　　　　B．Constrained

C．Consctrined　　　　　　　　D．Constcraned

2. CoAP 是一种物联网世界的＿＿＿＿＿＿协议。（　　）

A．类 EEB　　　　　　　　　　B．类 IEB

C．类 HEB　　　　　　　　　　D．类 Web

3. 在 NB-IoT 中，CoAP 的通信双方必须要有＿＿＿＿＿的协议栈，这样终端、基站、物联网平台及应用服务器之间才能通信。（　　）

A．平等　　　　　　　　　　　B．一样

C．对等　　　　　　　　　　　D．较大

4. 在 NB-IoT 中，CoAP 是一种面向＿＿＿＿＿的协议，具有与 HTTP 类似的特征，核心内容为

资源抽象、REST 式交互及可扩展的头选项等。（　　）

A．网络　　　　　　　　　　　　　　B．通信

C．IE　　　　　　　　　　　　　　　D．TP

二、多选题

1．基于 URIs 格式的操作方法即为了使客户端访问服务器上的资源，CoAP 支持 GET、_____、DELETE 和_____等操作方法。（　　）

A．PUT　　　　　　　　　　　　　　B．POST

C．PAST　　　　　　　　　　　　　　D．PUTT

2．在 NB-IoT 中，CoAP 是_____格式，其消息的最小长度是 4B，HTTP 是_____格式且以字节（B）为单位，因此 CoAP 比 HTTP 更加紧凑。（　　）

A．八进制　　　　　　　　　　　　　B．二进制

C．文本　　　　　　　　　　　　　　D．文件

3．在 CoAP 的报文结构中，CoAP 头也被称为_____，负载也被称为消息体，负载和 CoAP 头之间使用单字节_____分离，即消息体与消息头之间使用单字节 0xFF 分离。（　　）

A．0xEF　　　　　　　　　　　　　　B．0xFF

C．消息头　　　　　　　　　　　　　D．负载头

4．在 NB-IoT 中，CoAP 定义了 4 种形式的报文，即_____、NON 报文、ACK 报文和_____。（　　）

A．COA 报文　　　　　　　　　　　　B．CON 报文

C．RTT 报文　　　　　　　　　　　　D．RST 报文

三、判断题

1．JSON 格式是一种轻量级数据交换格式，它基于 ECMAScript 的一个子集，采用非独立于编程语言的文本格式来存储和表示数据。（　　）

2．XML 是可扩展标记语言，是一种用于标记物理文件并使其具有结构性的语言。（　　）

第6章

NB-IoT 的平台架构

本章内容简介

NB-IoT 的平台架构相较于 LTE 网络简化了很多，它作为一套完整的 CIoT 平台架构，包括 NB-IoT 芯片、模组、终端、基站、核心网、物联网平台及各种物联网垂直行业应用。IoT 核心网用来完成 NB-IoT 用户接入的过程。物联网平台主要包括物联网连接管理平台和物联网业务使能平台。

本章主要介绍 NB-IoT 的平台架构，包括 NB-IoT 基站、NB-IoT 核心网及物联网平台、NB-IoT 空中下载（OTA）技术等。

课程目标

知识目标	（1）熟悉 NB-IoT 平台架构的基础知识 （2）熟悉 NB-IoT 核心网的基础知识 （3）了解 OTA 技术
技能目标	（1）能够掌握 NB-IoT 平台架构的基础知识 （2）能够掌握 NB-IoT 核心网的基础知识
素质目标	通过自主查阅资料，了解 NB-IoT 平台架构的基础知识，提高辩证唯物主义的思维能力
思政目标	学习华为精神，坚定科技强国、技能强身的学习信念
重难点	NB-IoT 的平台架构
学习方法	自主查阅、类比学习、头脑风暴

6.1 NB-IoT 基站

NB-IoT 基站（见图 6-1-1）是移动通信中组成蜂窝小区的基本单元，主要用于移动通信网和 UE 之间的通信和管理，换句话说，通过运营商网络连接的 NB-IoT UE 必须在基站信号的覆盖范围内才能进行通信。

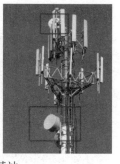

NB-IoT 基站及
部署

图 6-1-1 NB-IoT 基站

　　基站不是孤立存在的，它属于平台架构的一部分，是连接移动通信网和 UE 的桥梁。基站一般由机房、信号处理设备、室外的射频模块、接收和发送信号的天线、GPS、各种传输线缆等组成。

　　天线是信号的收发单元，它有多种形状，也有多种安装方式。若要实现基站功能，首先需要通过室外的天线接收和发送信号。在室外判断周围是否有基站最简单的方式就是查看有无天线。室外天线接收和发送射频信号，BBU 接收和发送光信号，因此 BBU 和天线不能直接连接，需要将 RRU 作为桥梁，对信号进行处理。接收信号时，RRU 使天线传来的射频信号经过滤波、低噪声放大，转换成光信号并将其传给室内处理设备；发送信号时，RRU 使从机房传来的光信号经过光电转换、变频、滤波、线性功率放大等，转换成射频信号，最后通过天线发送出去。室外还有用于系统定位和提供时钟同步信号的 GPS 模块，因为长得像蘑菇，又称 GPS 蘑菇头。当室外的 GPS 蘑菇头传送的是模拟信号时，室内就需要一个时钟盒，首先将模拟 GPS 信号转换成数字信号，然后将此信号送入主控单元主系统模块。当室外的 GPS 蘑菇头传送的是数字信号时，室内不需要时钟盒。

　　在大多数情况下，基站设备中的天线、RRU、GPS 蘑菇头等设备安装在铁塔、抱杆等室外环境中，其他设备安装在特定的机房内，基站机房内部布置如图 6-1-2 所示。机房内一般有基站设备、安装设备的室内机柜、电源柜、蓄电池、空调、室内走线架、室内接地汇流排、各种线缆等。其中，电源柜用来给机房设备供电，蓄电池在断电时给电源柜供电；空调用来降温；室内走线架用于线缆走线；室内所有设备的接地线最终都要接到室内接地汇流排上，对设备起到保护作用；室外接收的信号通过线缆传入室内机柜的信号处理模块，该模块对信号进行处理。

图 6-1-2 基站机房内部布置

　　根据环境和覆盖模型，站点可分为宏站与室分站。宏站一般指室外大范围的覆盖站点。由于天线覆盖无法实现无缝覆盖，宏站天线无法完全覆盖室内或室内的信号很差，环境复杂，需要对楼宇进行室分覆盖。简单来说，宏站是大范围室外覆盖的站点，室分站是针对高楼层、覆盖效果不好的室内而设的站点。宏站和室分站的区分方法也很简单，宏站在室外有明显的天线，而室分站的天线多为楼道天花板里的吸顶天线。

BBU 提供对外接口，负责系统的资源管理、操作维护和环境监测等。BBU 包括主控单元主系统模块、基带扩展单元和传输扩展单元。主控单元主系统模块具有所支持无线接入技术的所有控制和基带功能。其主要功能如下。

（1）基带信号处理功能。

（2）内置以太网和 IPv4/IPv6 传输功能。

（3）基站时钟生成和分发功能。

（4）基站管理和维护功能。

（5）传输控制功能。

（6）Uu 接口集中控制功能。

简单来说，接收或发送的信号都是在主控单元主系统模块中进行相关操作的。基带扩展单元可以多带动一个小区。

基站包含的小区一般不止一个，一个室外宏站包括三个小区，完成 360° 覆盖，而主控单元主系统模块带动的小区数有限，最多只能带动一个小区，所以需要增加基带扩展单元，每增加一个基带扩展单元就可以多带动一个小区。基带扩展单元与主控单元主系统模块通信的接口通过连接一根总线完成两者之间的数据通信。传输扩展单元也称传输板。基站不是孤立存在的，需要进行组网，通过光纤与传输设备相连。电源分配单元（DCDU）负责给 LTE 系统设备（如 BBU、RRU 等）供电。DCDU 和 BBU 都是安装在机柜里的。NB-IoT 基站的部署依赖现有运营商的基站。基站侧仅是一个通道，采用 2G、3G、4G 网络，NB-IoT 可以在现有端到端（ETE）系统中完成复用、升级或新建操作。NB-IoT 基站部署方案包括无线接入网多制式融合共建方案和独立建站方案。无线接入网多制式融合共建方案的优点是基站侧可以充分利用现网 ETE 系统的站点资源和设备资源，共站点、共天馈系统、共射频、共通用公共无线电接口（CPRI）、共传输、共主控、共 O&M，可以达到快速部署 NB-IoT、节省建网成本的目的。无线接入网多制式融合共建方案如图 6-1-3 所示。

NB-IoT 基站
测试

图 6-1-3　无线接入网多制式融合共建方案

无线接入网多制式融合共建方案是指一个平台架构、一次工程建设、一个团队维护，这种方案通过统一的运营维护管理、统一的无线资源管理、统一的网络系统优化、统一的传输资源管理来支持不同技术制式的融合和演进。多制式、多网络的融合部署、平滑演进与高效运营变为现实，运营商以更低成本提供更高带宽的运营梦想也因此得以实现。对于在现有基站频率部署区域外不能共享现有站点资源的热点区域，部署时需要进行升级或新建 NB-IoT 基站，这就需要进行独立建站。

NB-IoT 基站优先从现网 2G、3G、4G 基站中选择站址，避免过高站、过低站、过近站对 NB-IoT 的影响，并且根据链路预算计算小区半径，最后根据小区半径选择站址。

6.2　NB-IoT 核心网及物联网平台

NB-IoT 的平台架构分为五部分，分别是 NB-IoT 终端、NB-IoT 基站、NB-IoT 核心网、物联网平台和物联网垂直行业应用，如图 6-2-1 所示。

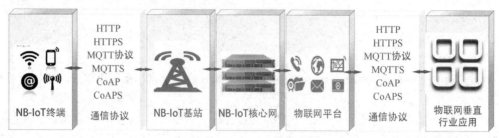

图 6-2-1　NB-IoT 的平台架构

NB-IoT 核心网用于完成 NB-IoT 用户接入的过程处理。物联网平台主要包括物联网连接管理平台和物联网业务使能平台。物联网连接管理平台具有开户、计费、实名认证、查询等功能。物联网业务使能平台具有设备管理、数据管理等功能。物联网连接管理平台和物联网业务使能平台相对独立，技术相关性不大，可以分别部署，也可以配合使用。物联网垂直行业应用包含各行各业的智能化应用，基于 NB-IoT 通信技术的物联网垂直行业应用的建设会更加简单，分工会更加明晰。参与者包括应用系统集成商、增值服务提供商等。搭建一套完善的物联网系统不仅要关注前面章节中提到的各种技术标准，还要关注物联网安全体系建设、SIM 卡管理、SIM 卡实名认证、设备 OTA 技术、长寿命电池、CoAP 上层应用协议等。UE 是移动通信网的 AP，通过 NB-IoT 的 Uu 接口与支持 NB-IoT 的增强型无线基站相连，并通过该基站与支持 NB-IoT 的核心网通信，进而完成整个端到端的业务接续。UE 模块组成图如图 6-2-2 所示。

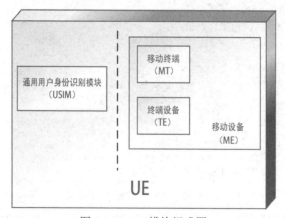

NB-IoT 核心网
及 IoT 平台

图 6-2-2　UE 模块组成图

UE 是 ME 与 USIM 的综合体，使用 Cu 接口连接 ME 与 USIM。USIM 的物理实体是通用集成电路卡（UICC），USIM 是建立在 UICC 上的一种主要用于 UE 用户身份识别的应用。ME 在逻辑上可进一步分为更小的单元设备，它们分别是负责无线信号接收和发送及其相关功能的 MT 和负责运行端到端高层应用的 TE。MT 和 TE 之间可以通过多种物理方式实现连接。而 NB-IoT 核心网采用网络功能虚拟化（NFV）建设方案，如图 6-2-3 所示。

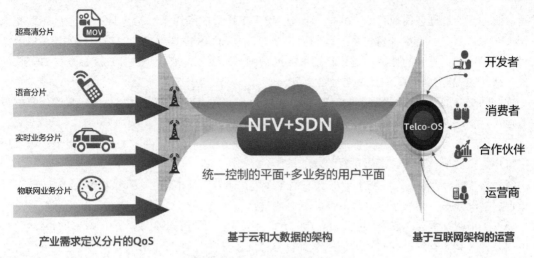

图 6-2-3　NFV 建设方案

NFV 通过使用 x86 等通用性硬件和虚拟化技术来承载多功能软件的处理，从而降低设备成本。NB-IoT 核心网可以通过软件、硬件解耦及功能抽象，使网络设备功能不再依赖专用硬件，资源可以充分、灵活地共享，实现新业务的快速开发和部署，并基于实际业务需求进行自动部署、弹性伸缩、故障隔离和自愈等。

运营商可以通过 NFV 根据业务需求随意添加和控制虚拟设备，无须像之前一样新增、改变每个业务都要改变其硬件系统，应用的开发周期大幅缩短。NB-IoT 的建设方案如图 6-2-4 所示。

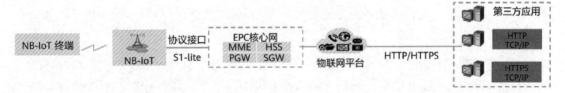

图 6-2-4　NB-IoT 的建设方案

其中，MME 用于 NB-IoT UE 的接入认证，根据 UE 的 RAT 能力完成 SGW、PGW 的选择，以及 NB-IoT 用户接入过程的处理，能够创建、删除和 SGW 之间的媒体面隧道。SGW 用于 NB-IoT 用户接入过程的处理，能够创建、删除和 MME 之间的媒体面隧道。PGW 用于 NB-IoT 用户接入过程的处理。现网 2G、3G、4G 核心网和 NB-IoT 核心网是两套不同的商用核心网，二者的业务和网络规划要分开考虑。现网 2G、3G、4G 核心网基于核心网专有硬件建设，NB-IoT 核心网基于虚拟化技术建设，二者的设备形态、组网、协议和业务规划不同。FDD LTE 网络接入 LTE-EPC 系统，NB-IoT 接入 NB-EPC 系统。NB-IoT 利用本地新建的独立网络来管理，服务器可以利用原有的 FDD LTE 网络来管理。物联网平台面向客户满足 M2M 业务新型商业模式的需要。针对运营商，需具备全局性掌握 NB-IoT 连接网络行为和业务发展状况，以及辅助业务管控、辅助网络规划、业务规划和套餐制订等能力，确保 M2M 连接信息的完整性、实时性和一致性。NB-IoT 直接部署于 GSM、UMTS 或 LTE 系统，可以与现有网络基站复用，以降低部署成本、实现平滑升级，使用单独的 180kHz 的传输带宽，不占用现有网络的语音和数据带宽，保证传统业务和物联网业务稳定、可靠地运行。

NB-IoT 的控制与承载分离，信令"走"控制面，数据"走"承载面。如果是低速率业务，就直接"走"控制面，不再建立专用承载，省略了 NAS 与核心网的建链信令过程，缩短了唤醒恢复时延。业务开通过程使用现有的方式，增加对 NB-IoT 用户的签约量，包含 HSS 和业务运营支撑系统（BOSS）的签约量。计费过程和现网保持不变，由 BOSS 根据用户的签约和业务使用情况完成对应项目（如包月）的计费。通过移动数据通信网（MDCN）实现 NB-IoT 核心网与 BOSS 的对接，从而实现对 NB-IoT 的计费与业务办理。

物联网平台通过 IP 承载网获取信令数据，并与 BOSS、CRM、BI 系统对接，最终用来支撑业务运营。物联网平台的基本功能如下。

（1）用户账号管理：主要分为用户账户管理、管理员账户管理，两种账户所享受的权限不一样，账户提供注册、登录、密码重置等功能。

（2）业务信息管理：物联网卡业务状态信息查询，如号码基本信息、开销物联网卡账户信息、流量使用情况信息、套餐基本信息等业务状态管理。

（3）账单明细管理：按分、时、日、周、月、年资费账单的明细查询，统计账单的整体情况。

（4）异常状态管理：物联网卡的停开机状态管理、异常访问和 IMEI 机卡分离等业务信息报警通知，通知可采取短信、邮件的方式。

（5）缴费管理：向用户提供通过 App、Web 实时缴费的功能，用户可通过多种支付渠道缴费。

（6）实时监测管理：提供 Web、App 对三大应用平台各类应用状态的实时监测功能，可以实现用户一键监控。

NB-IoT 产品测试概述

（7）平台接口管理：提供适用于物联网平台对接的 API，以及与三大应用平台细分功能连接的 API，同时提供可直接下载的 API 介绍文档。

6.3　NB-IoT OTA 技术

OTA 技术是一种通过 GSM 或 CDMA 的 Uu 接口对 SIM 数据及应用进行远程管理的技术。Uu 接口可以采用无线应用协议（WAP）、GPRS、CDMA1x 技术及最普遍的短消息技术。OTA 技术的应用使得移动通信不但可以提供移动化的语音和数据服务，而且可以提供移动化的新业务。内容提供商可以不受平台的局限，不断开发更具个性化的贴近用户需求的服务。手机用户只要简单操作，就可以按照个人喜好将网络提供的各种业务菜单利用 OTA 机制下载到手机中，还可以根据自己的意愿定制具体业务，甚至可以修复手机出厂时的潜在故障。OTA 系统如图 6-3-1 所示。

图 6-3-1　OTA 系统

NB-IoT 网络空中升级

OTA 系统包括 MT、无线网络、OTA 服务器和内容提供商 4 部分。

（1）MT：带有特定客户端下载程序的移动电话，能够执行 OTA 过程。首先，MT 必须为 OTA 过程提供特定的无线通信信道，以下载业务数据；其次，MT 必须能让用户使用这些数据，例如执行下载的 J2ME 应用程序，播放下载的铃声和音乐，以及使用动态屏保程序等。

（2）无线通信系统 GSM/GPRS：在 MT 与互联网之间充当数据传输通道。无线通信系统需要确保数据通道安全，保护敏感信息，同时必须提供准确的用户信息、可保证的服务和精确的计费。

（3）OTA 服务器：可存储和管理内容提供商提供的用于下载的媒体文件及应用，还可向 MT 提供用于浏览及下载的索引和数据。

（4）内容提供商（包括应用提供商和媒体文件提供商）：能够不断推出新业务，并及时更新 OTA 服务器中的内容。

在物联网系统中，OTA 是通过移动通信的 Uu 接口对 SIM 数据进行远程管理的技术。OTA 通过网络自动下载升级包并自动升级，在升级过程中无须备份数据，所有数据都会完好无损地保留下来。物联网设备是一套智能设备，其版本更迭和补丁发布必定非常频繁。如果不提供 OTA 功能，那么每发布一个新的版本或补丁，都需要现场更新物联网设备，显然非常不现实。移动终端的空中下载软件升级（FOTA）是指通过云端升级技术，为具有连网功能的 TE 执行 OTA 和软件升级过程，完成系统修复和优化，以提高用户的满意度。FOTA 的核心技术优势如图 6-3-2 所示。

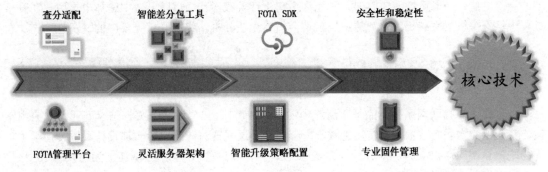

图 6-3-2　FOTA 的核心技术优势

FOTA 的本质是固件升级，包括驱动、系统、功能、应用等的升级，与硬件没有直接关系。它适用的终端范围很广，基本可以为市场上所有的智能终端提供升级服务，无论运营商还是 TE 制造商，通过集群应用、网格技术和分布式服务器端，都能够在同一时间内处理大量用户的终端升级需求。FOTA 和操作系统（OS）的关系比较密切，不同的操作系统版本需要开发不同的 FOTA 适配版本。同时，通过 FOTA 模块下载的系统升级包也要与操作系统密切匹配，不但要进行硬件驱动的调试，还要进行版本的兼容测试，但这样的升级包一般由终端厂商提供，FOTA 更多的是保证将升级包下载下来并安装至终端。在智能时代，FOTA 云升级将成为智能终端的标准配置。最初，固件升级需要在设备厂商指定的服务中心进行。接收更新的一种方法是 OTA 更新，另一种方法是将设备连入计算机端进行升级。但这两种方法很不方便，因此现在很多智能设备制造商和运营商都已经采纳 FOTA 技术来更新设备了。NB-IoT 的 FOTA 流程如图 6-3-3 所示。其中，RTOS 是指实时操作系统，HL 是指超文本链路。

图 6-3-3　NB-IoT 的 FOTA 流程

升级包制作工具的功能是批量生成升级包并自动完成服务器端的固件部署。FOTA 管理平台是图形化的固件管理平台，其功能包括项目管理、升级策略配置、测试、审核、发布、升级统计等。FOTA 管理平台为 FOTA SDK 提供连网、下载、校验、本地存储等接口，以便在升级任务中调用，程序升级引擎提供本地还原能力，和对应的接口在引导模式下完成升级包的还原和写入工作。各个接口均可根据实际情况定制、优化，以保证下载、升级的整体效率和成功率。FOTA 无线升级技术使用户在遭遇设备软件问题时，可通过 OTA 技术将系统升级包下载至 TE 来修复问题，从而省去跑现场售后维修点的麻烦。FOTA 操作简单、方便，智能终端自动检测升级包并进行升级，采用了差分技术，差分包的大小比原始升级包小了 3%，通常为 5～10MB，大大降低了人们对下载网络带宽的需求，缩短了下载等待时间，节省了流量费。差分升级不会修改终端的分区、删除用户数据，无须备份用户数据，即使因为意外掉电而导致升级中止，也不会影响到用户数据的安全。

　　FOTA 只是在原有系统的基础上修复 Bug，并没有更换系统，比重装系统的方式更安全。升级前，要严格校验升级包的有效性，以防因为升级包的替换而导致升级失败；要注意智能检测终端的当前电量，当电量低于 30% 时，不允许用户进行升级操作，以防升级中途掉电。用户在升级过程中意外关机，系统仍然会智能还原，不会出现无法开机、终端开机无反应的情况。

6.4　NB-IoT 实验实训设备

　　这里使用的物联网系列产品基于浙江华为物联网"1+2+1"解决方案，结合商业实践应用案例，将其中的物联网技术知识转化为教学内容，并通过配置对应的实验实训设计课程，使学生巩固物联网领域的知识，并且可以根据教学需要设计不同难度的教学方案。浙江华为物联网"1+2+1"解决方案如图 6-4-1 所示。

NB-IoT 实验实训设备

图 6-4-1　浙江华为物联网"1+2+1"解决方案

　　该物联网系列产品是四层结构的有机契合，第一层是基于感知识别层控制的物联网操作系统；第二层是基于传感网络传输接入技术的物联网网络层，这一层要应用到各种无线通信技术，如 4G、5G、NB-IoT 等；第三层是基于物联网综合应用的物联网平台系统；第四层是物联网实用案例典型应用云平台。基于图 6-4-1 的架构设计，物联网系列产品分为硬件部分和软件部分。硬件产品根据现状分为浙江华为 NB-IoT 全栈实验实训箱（A 型）、浙江华为 NB-IoT 全栈实验实训箱（B 型）、浙江华为物联网多网全模块通信实验箱。浙江华为 NB-IoT 实验实训设备如图 6-4-2 所示。

图 6-4-2　浙江华为 NB-IoT 实验实训设备

软件产品分为物联网实验实训云平台、浙江华为 IoT 掌上实验室。

主流的低成本、低功耗、强覆盖、连接 NB-IoT 通信技术主要用于物联网全栈人才培养的实验实训教学。实验箱支持传感器技术与应用、物联网识别技术、嵌入式开发板、LiteOS、NB-IoT、华为 OceanConnect 物联网平台的相关课程和实验，还支持物联网行业应用案例相关课程和实验实训与浙江华为物联网认证课程。

实验实训箱采用模块化设计，各个模块之间可搭配使用，模块主要有核心板、垂直场景扩展板、通信扩展板、物联网工具套件等。实验实训箱提供了丰富的实验例程和实验指导资料，可扩展性强，可支持教学场景和科研场景，也可满足二次开发的创新、创业场景，能够以实际行业案例支持物联网传感采集、无线窄带通信、嵌入式应用开发、物联网中间件、物联网平台开发及数据处理等诸多课程的教学与实践，同时各场景实验也极其逼真地展现了实际生活、学习、工作过程中的常见物联网应用场景。浙江华为 NB-IoT 全栈实验实训箱（A 型）偏向于硬件，如图 6-4-3所示。

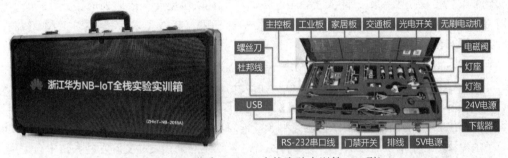

图 6-4-3　浙江华为 NB-IoT 全栈实验实训箱（A 型）

浙江华为 NB-IoT 全栈实验实训箱（B 型）倾向于提高学员的动手能力，各个模块之间的集成度不高，主控板、场景板、各种场景传感器都是相对独立的，在实际的教学实验中，需要学生使用工具进行连接调试。浙江华为 NB-IoT 全栈实验实训箱（B 型）偏向于软件，如图 6-4-4 所示。

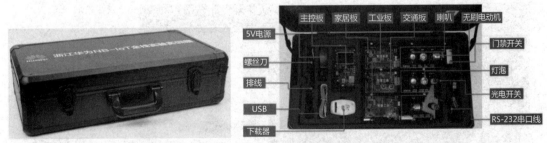

图 6-4-4　浙江华为 NB-IoT 全栈实验实训箱（B 型）

浙江华为物联网多网全模块通信实验箱（见图 6-4-5）倾向于提高学员的软件应用、开发能力。其硬件的集成度较高，各个场景板固定在实验箱内，并且场景上集成了各种传感器，部分传感器为接插型传感器，各个场景板使用透明亚克力板进行保护。另外，体积较大的外部设备统一固定在最右侧的黑色亚克力板上。实验时，学生不需要进行额外的、复杂的硬件模块连接。浙江华为物联网多网全模块通信实验箱基于浙江华为"1+2+1"经典物联网技术架构，重点突出网络层中各种通信技术的特点与数据交互流程。该实验箱支撑物联网通信技术、NB-IoT 通信技术、物联网综合设计等课程的实验实训环节。该实验箱内部由主板操作区、模块板实验区、模块器件放置区构成。主板操作区主要由底板、核心板、Wi-Fi 模块板、LoRa 模块板、ZigBee 模块板等组成；模块板实验区采用防反接结构设计，通过磁吸方式给模块供电；模块器件放置区主要存放节点模块及其实验配件。

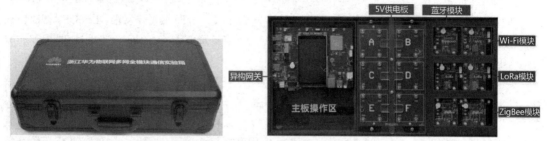

图 6-4-5　浙江华为物联网多网全模块通信实验箱

　　以上三个实验实训箱/实验箱提供了全面的物联网通信技术实验实训资源，可以使学生掌握多种通信技术的组网、模块使用、数据传输等知识，提高学生通信技术相关的工程应用开发能力，兼顾学生传感技术应用、嵌入式系统开发、移动互联应用开发等能力的提升。三个实验实训箱/实验箱中主要有电路板、传感器（接插型）、传感器（接线型）、控制器、工具、线材。另外，实验箱 KT 板中关于实验箱、平台技术拓扑、实验器件也有对应的介绍。

　　浙江华为物联网多网全模块通信实验箱是基于华为 OceanConnect 物联网平台和微信平台构建的，用户无须下载安装 App，即可在手机端轻松查看实验数据、实时下发控制命令。华为 OceanConnect 物联网平台支持自动鉴权，在线鉴别设备是否合法；支持一键扫码绑定实验设备；提供数据场景图形化显示和查看历史数据功能；集成了华为 OceanConnect 物联网平台的云端监控功能；集成了华为原厂输出的实验指导内容；支持综合场景物联网全栈实验交互功能。该平台采用 B/S架构，运行环境是 CentOS 6.9。其后端使用 Java 语言开发，架构为基于 Spring Mvc+ SpringBoot+Spring Cloud 的微服务架构；前端使用 Vue.js+Node.js 框架。华为 OceanConnect 物联网平台采用了支持海量数据高并发访问的 HBase 数据库。华为 OceanConnect 物联网平台的云端平台如图 6-4-6 所示。

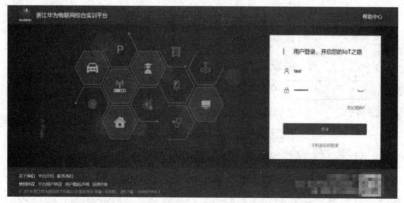

NB-IoT 全栈实验
实训箱（B 型）

图 6-4-6　华为 OceanConnect 物联网平台的云端平台

思考与练习

一、单选题

1. NB-IoT 基站是移动通信中组成_____小区的基本单元，主要用于移动通信网和 UE 之间的通信和管理。（　　）

A. 智能 　　　　　　　　　　　　B. 蜂窝

C. 通信 　　　　　　　　　　　　D. 移动

2. UE 是 ME 与 USIM 的综合体，使用 Cu 接口连接____与 USIM。（　　）

A. UU 　　　　　　　　　　　　B. MC

C. UE 　　　　　　　　　　　　D. ME

3. NB-IoT 直接部署于 GSM、_____或 LTE 系统。（　　）

A. MUTS 　　　　　　　　　　　B. UUTS

C. UMTS 　　　　　　　　　　　D. SMTS

4. OTA 技术的应用使得移动通信不但可以提供移动化的____和数据服务，而且可以提供移动化的新业务。（　　）

A. 语音 　　　　　　　　　　　　B. 视频

C. 游戏 　　　　　　　　　　　　D. 图片

5. FOTA 管理平台为 FOTA SDK 提供连网、下载、_____、本地存储等接口，以便在升级任务中调用。（　　）

A. 校验 　　　　　　　　　　　　B. 传输

C. 连接 　　　　　　　　　　　　D. 链路

二、多选题

1. 物联网业务使能平台没有下列哪些功能？（　　）

A. 设备管理 　　　　　　　　　　B. 余额查询

C. 实时监测 　　　　　　　　　　D. 数据管理

2. 下列各项中属于基站的是_____。（　　）

A. MT 　　　　　　　　　　　　B. 机房

C. 信号处理设备 　　　　　　　　D. UE

3. 在物联网系统中，OTA 是通过移动通信的_____对_____数据进行远程管理的技术。（　　）

A. Cu 接口 　　　　　　　　　　B. Uu 接口

C. SIM 　　　　　　　　　　　　D. GSM

4. 实时监测管理提供 Web、App 对三大应用平台各类____状态的_____功能，可以实现用户一键监控。（　　）

A. 管理 　　　　　　　　　　　　B. 应用

C. 分时监测 　　　　　　　　　　D. 实时监测

5．BBU 提供_____接口，负责系统的_____、操作维护和环境监测等。（　　　）

A．对内 　　　　　　　　　　B．对外

C．资源分配 　　　　　　　　D．资源管理

三、判断题

1．天线是信号的收发单元，其形状有 3 种。（　　　）

2．UE 是移动通信网的 AP，通过 NB-IoT 的 Cu 接口与支持 NB-IoT 的增强型无线基站相连。（　　　）

LiteOS 应用开发基础

LiteOS 是华为面向物联网领域构建的轻量级物联网操作系统,可广泛应用于智能家居、车联网、城市公共服务等领域。LiteOS 开源项目支持 ARM64、ARM Cortex-A、ARM Cortex-M0、ARM Cortex-M3、ARM Cortex-M4、ARM Cortex-M7 等芯片架构。LiteOS 遵循 BSD-3 开源许可协议。

本章主要介绍 LiteOS 应用开发基础,包括 LiteOS 软件的功能及应用、LiteOS OTA 升级、LiteOS MapleJS 的功能、LiteOS 中 AI 指令的应用等。

7.1　LiteOS 软件的功能及应用

任务目标

知识目标	(1) 掌握 LiteOS 的基本功能 (2) 掌握 LiteOS 的优势 (3) 掌握 LiteOS 的应用场景
技能目标	描述 LiteOS 的软件功能及应用场景
素质目标	通过自主查阅资料,了解 LiteOS 软件功能及应用的基础知识,提高辩证唯物主义的思维能力
思政目标	学习华为精神,坚定科技强国、技能强身的学习信念
重难点	LiteOS 的软件功能
学习方法	自主查阅、类比学习、头脑风暴

情境导入

LiteOS 发布于 2015 年 5 月的华为网络大会,自开源社区发布以来,围绕 NB-IoT 市场从技术、生态、解决方案、商用支持等多维度使能合作伙伴,构建开源的物联网生态,目前已经聚合了 50 多个 MCU 和解决方案合作伙伴,共同推出了一批开源开发套件和行业解决方案,帮助众多行业客户快速推出了物联网产品和服务,客户涉及抄表、停车、路灯、环保、共享单车、物流等多个行业。LiteOS 能够为开发者提供"一站式"完整软件平台,大幅降低设备布置及维护成本,有效降低开发门槛,缩短开发周期。

1. LiteOS 软件的基本功能

LiteOS 的架构如图 7-1-1 所示。LiteOS 遵循 BSD-3 开源许可协议,能够广泛地应用于各种智慧设备领域。

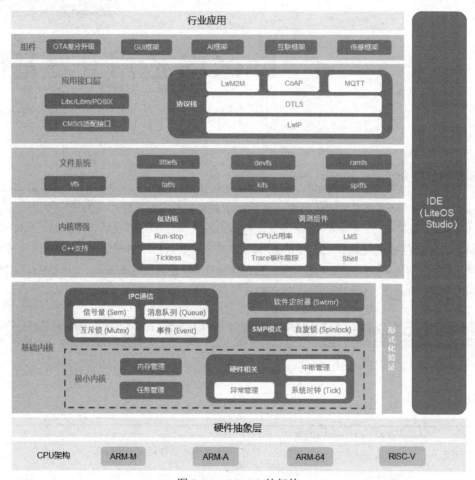

图 7-1-1 LiteOS 的架构

从 LiteOS 的架构不难看出,LiteOS 除了包含基础内核,还包含丰富的组件,可以帮助用户快速构建物联网相关领域的应用场景及实例,主要包含以下几部分。

(1)基础内核:包括不可裁剪的极小内核和可裁剪的模块。极小内核包含任务管理、内存管理、中断管理、异常管理和系统时钟。可裁剪的模块包括信号量、互斥锁、消息队列、事件、软件定时器等。

(2)内核增强:在内核的基础功能上进一步提供增强功能,包括 C++支持、调测组件等。调测组件提供了强大的问题定位及调测能力,包括 Shell、Trace 事件跟踪、CPU 占用率、本地信息交互(LMS)等。

（3）文件系统：提供一套轻量级的文件系统接口以支持文件系统的基本功能，包括 vfs、ramfs、fatfs 等。

（4）应用接口层：提供一系列系统库接口以提升操作系统的可移植性及兼容性，包括 Libc/Libm/POSIX 及 CMSIS 适配接口。

（5）协议栈：提供丰富的网络协议栈以支持多种网络功能，包括 CoAP、LwM2M（轻量级 M2M）、MQTT 协议栈等。

（6）组件：构建于上述组件之上的一系列业务组件或框架，以支持更丰富的用户场景，包括 OTA 差分升级、GUI 框架、AI 框架、互联框架、传感框架等。

（7）IDE（LiteOS Studio）：基于 LiteOS 定制开发的一款工具，它提供了界面化的代码编辑、编译、刻录、调试等功能。

LiteOS 的基础内核和丰富组件使其具有以下优势。

（1）高实时性、高稳定性：高实时性和高稳定性一直是物联网操作系统的重要特性，而 LiteOS 通过内核增强功能提供了强大的系统实时性和稳定性。

（2）超小内核：虽然 LiteOS 不是微内核架构，但是其内核体积可以裁剪至 10KB 甚至更小，适用于内存较小的嵌入式设备。

（3）超低功耗：LiteOS 可以在极低的功耗下工作，若与华为芯片配套使用，则整体功耗可低至微安级别，且 LiteOS 能够适应井盖等环境。

（4）支持静态裁剪：LiteOS 能够根据用户的需求静态裁剪，减少不必要的内存消耗。

2．LiteOS 的应用场景

（1）华为终端智能感知的应用场景：LiteOS 运行在麒麟系列芯片的协处理器上，并搭载华为 P 系列和 Mate 系列的旗舰机型，两个系列机型采用的 LiteOS 智能传感框架与感光模块协同优化，可以降低计步能耗，提高测量精确度。

（2）华为智能家居的应用场景：主要包含 HiLink SDK、生态伙伴智能设备、HiLink 智能路由、云平台、手机 App 及联盟认证，采用统一的互联互通协议，用于搭建连接人、物、云的开放架构，可实现多厂商设备互联互通，可与 LiteOS 无缝结合，并可通过多层面的能力开放来实现灵活的业务创新。

① 更简单的体验：LiteOS 通过接管手机传感设备（如屏幕）等，实现手机传感设备与智能家居互联互通操作，从而可以使用户在手机灭屏等情况下操作其他家庭设备，结合手机智能场景感知等特性，使用户获得更加简捷的智能化操作体验。

② 更实时的体验：LiteOS 从操作系统层、网络连接协议层等多个层面优化互联互通协议，一方面实现设备与设备的实时通信，满足用户操作"零"等待的体验诉求；另一方面确保连接更加可靠和通畅，减少用户操作时的卡顿等问题。

（3）华为智能水表的应用场景与传统智能水表的应用场景相比具有以下特点。

① 更低的功耗和更低的运维成本：LiteOS 提供轻量级内核等组件，支撑智能水表长达数年的待机时间，减少水务公司更新水表电池的概率，从而整体降低运维成本。

② 二合一模式、更低的设备成本：LiteOS 结合华为 NB-IoT 芯片可以实现数据处理与传输（传感+互联）的二合一能力，减少对额外 MCU、额外内存的使用，从而降低设备成本。

③ 开放 API、更低的应用开发与移植成本：LiteOS 通过开放的 API 屏蔽底层传感的管理和数据传输机制，使得水表应用可以聚焦业务本身，水务公司可以避免依赖具体的传感技术和传输技术，更加高效地开发应用算法和逻辑。

任务实施

1. 让学生观看课前预习视频，每位学生提出 3 个问题并回答 3 个问题，积极思考，加强线上互动。

2. 通过让学生查阅资料来了解 LiteOS 软件功能及应用的相关知识，分组展示资料收集成果，学习华为精神，实现课程育人目标。

3. 让学生查阅资料，了解 LiteOS 的发展历程。

任务评价

任务点	考核点		
	初级	中级	高级
LiteOS 软件的功能及应用	（1）熟悉 LiteOS 软件的基本功能。 （2）熟悉 LiteOS 的优势。 （3）了解 LiteOS 的应用场景	（1）掌握 LiteOS 软件的基本功能。 （2）掌握 LiteOS 的优势。 （3）掌握 LiteOS 的应用场景	（1）精通 LiteOS 软件的基本功能。 （2）精通 LiteOS 的优势。 （3）精通 LiteOS 的应用场景

任务小结

学生通过对本节的学习，能够掌握 LiteOS 软件的基本功能，掌握 LiteOS 的优势，掌握 LiteOS 的应用场景。

思考与练习

1. LiteOS 框架中的哪一项功能包括 C++支持、调测组件？（　　）
A. 基础内核　　　　　　　　　B. 内核增强
C. 文件系统　　　　　　　　　D. 业务组件
2.（多选）LiteOS 的优势有哪些？（　　）
A. 高实时性、高稳定性　　　　B. 超小内核
C. 超低功耗　　　　　　　　　D. 支持静态裁剪
3. 描述 LiteOS 的应用场景。

7.2　LiteOS OTA 升级

任务目标

知识目标	（1）掌握 LiteOS OTA 升级的分类和应用场景。
	（2）掌握 LiteOS OTA 升级的特点。
	（3）掌握 LiteOS OTA 升级的流程
技能目标	掌握 LiteOS OTA 升级中升级包制作的过程

素质目标	通过自主查阅资料，了解 LiteOS OTA 升级的基础知识，提高辩证唯物主义的思维能力
思政目标	学习华为精神，坚定科技强国、技能强身的学习信念
重难点	LiteOS OTA 升级的流程
学习方法	自主查阅、类比学习、头脑风暴

情境导入

随着万物互联时代的到来，海量的物联网终端进入千行百业，传统的维护和升级设备的方法已经无法满足需求，所以通过远程方式对终端软件进行升级日益重要，远程方式也能够大幅降低维护和升级设备所投入的成本。

任务资讯

在 LiteOS 中，使用 OTA 升级组件进行升级，通过移动通信（GSM、NB-IoT 等）的 Uu 接口对通信模组及应用进行远程管理。

1. LiteOS OTA 升级的分类和应用场景

LiteOS OTA 升级包括软件空中刷新（Software Over The Air，SOTA）和 FOTA，用户可以根据开发环境选择合适的升级方式。

SOTA：通过华为自主研发的载荷压缩协议（PCP）升级协议，加上内置 LwM2M 协议的 NB-IoT 模组，实现第三方 MCU 的升级。

FOTA：通过在 NB-IoT 模组中内置 LwM2M 协议的 5 号对象实现模组本身的升级。

OTA 升级通常应用于以下场景。

（1）物联网终端现有版本存在软件问题，需要通过升级来弥补软件漏洞。

（2）物联网终端的功能不断增加，所以需要持续强化物联网终端软件的功能。例如，为了提升终端计量的精确性，引入新的算法模块；为了提升物联网终端的安全性，引入安全功能模块；为了提升终端的远程可维护性，引入日志模块。

物联网终端的硬件运算能力和存储能力不断提升，硬件日益同质化，因此终端软件的差异化成为构建未来物联网终端产品核心竞争力的关键因素。在物联网终端引入 OTA 技术，持续远程构建终端软件的差异化竞争力，可使终端厂商在竞争中脱颖而出。

LiteOS OTA 升级配合华为云的物联网平台通过差分方式减小升级包的大小，更能适应低带宽网络环境和电池供电环境，同时通过优化差分合并算法，可以满足海量低资源终端的升级诉求。

2. LiteOS OTA 升级的特点

LiteOS OTA 升级架构如图 7-2-1 所示。

LiteOS OTA 升级主要有以下特点。

（1）支持全量升级和差分升级两种升级方式。

（2）提供差分工具，比较其新、旧版本，并生成差分包，差分包占用空间更小。

（3）支持分组升级管理，更加方便、快捷。

（4）支持断点续传，确保差分包下载成功，以适应网络环境。

（5）采用优化的差分算法，资源消耗少。

（6）对差分包进行校验，避免篡改，确保差分包可以安全下载至本地。

（7）采用掉电保护机制，避免因掉电导致的升级失败。

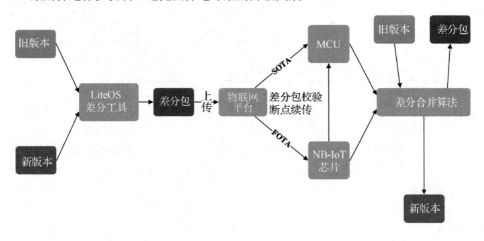

图 7-2-1　LiteOS OTA 升级架构

3. LiteOS OTA 升级的流程

（1）LiteOS OTA 升级需要 MCU 的 Flash 满足相应的分区要求，如表 7-2-1 所示。

表 7-2-1　LiteOS OTA 升级需要 MCU 的 Flash 满足的分区要求

分区名称	分区大小	分区功能
BootLoader	—	该分区用于存储 BootLoader 固件，此固件由终端厂商提供，并嵌入 LiteOS OTA 库，以实现升级功能
Application	—	该分区用于存储 Application 固件，此固件由终端厂商提供，并嵌入 LiteOS OTA 库，以实现升级功能
OTADiff	建议为 Application 分区大小的 30%	该分区用于存储下载的差分包，该差分包由终端使用 LiteOS 工具制作而成
OTAInfo	1 个 Flash 擦除分块大小	该分区用于存储 LiteOS OTA 升级信息

LiteOS OTA 升级主要包括以下 4 个步骤。

（1）嵌入 PCP 模块：通过 PCP 模块实现差分包下载功能。

（2）嵌入 Diff 模块：通过 Diff 模块实现差分包合并升级功能。

（3）制作版本升级包或差分包：使用官方提供的工具制作版本升级包或差分包。

（4）通过物联网平台启动升级任务。

嵌入 PCP 模块的主要接口如图 7-2-2 所示。其中，虚线表示需要外部注册的钩子函数，供 PCP 模块调用；实线表示由 PCP 模块提供的函数，供外部调用。

PCP 模块的相关代码可以在 LiteOS 开源社区中下载，使用 PCP 模块时，需要将其加入编译工程。在使用 PCP 模块的功能之前，需要先调用初始化接口，完成 PCP 模块的初始化。

嵌入 Diff 模块的主要接口如图 7-2-3 所示。其中，虚线表示需要外部注册的钩子函数，供 Diff 模块调用；实线表示由 Diff 模块提供的函数，供外部调用。

Diff 模块主要以.a 的库文件方式提供，使用 Diff 模块时，需要将其加入编译工程。无论是否采用差分方式，都需要在 BootLoader 中调用 Diff 模块的功能，并在 MCU 复位后，再调用 Diff 模块的功能。

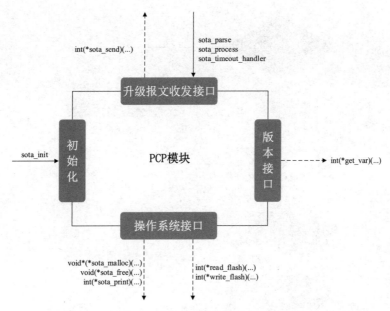

图 7-2-2　嵌入 PCP 模块的主要接口

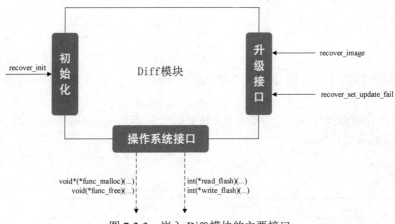

图 7-2-3　嵌入 Diff 模块的主要接口

在 LiteOS OTA 升级时，需要制作升级包，升级包主要分为以下 3 种。

（1）差分包：可以通过华为提供的差分包制作工具输入新旧镜像而得到。

（2）未签名升级包：可以通过华为提供的升级打包工具得到。

（3）签名升级包：可以通过华为提供的签名工具对打包后的镜像签名而得到，用于上传至华为云的物联网平台。

升级包的制作工具大部分存储在 LiteOS 工程代码的 components/ota 目录下，制作升级包的完整流程如图 7-2-4 所示。

在升级包制作完成后，可以通过物联网平台对已经连入平台的设备启动升级任务，进行 OTA 升级。为了区分升级包的版本，升级前需要上传公钥和升级包并附上版本号。在升级过程中，可在平台和终端串口上查看升级实况，升级成功后，平台会得到实时反馈。TE 在更新完成后，也会自动运行新版本的业务。

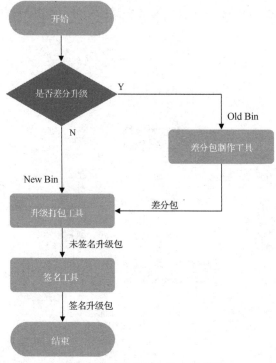

图 7-2-4　制作升级包的完整流程

任务实施

1. 让学生观看课前预习视频，每位学生提出 3 个问题并回答 3 个问题，积极思考，加强线上互动。

2. 通过让学生查阅资料来了解普通软件、固件的升级方式，分组展示资料收集成果，学习华为精神，实现课程育人目标。

任务评价

任务点	考核点		
	初级	中级	高级
LiteOS OTA 升级	（1）熟悉 LiteOS OTA 升级的分类和应用场景。 （2）熟悉 LiteOS OTA 升级的特点。 （3）了解 LiteOS OTA 升级的流程	（1）掌握 LiteOS OTA 升级的分类和应用场景。 （2）掌握 LiteOS OTA 升级的特点。 （3）掌握 LiteOS OTA 升级的流程	（1）精通 LiteOS OTA 升级的分类和应用场景。 （2）精通 LiteOS OTA 升级的特点。 （3）精通 LiteOS OTA 升级的流程

任务小结

学生通过对本节的学习，能够掌握 LiteOS OTA 升级的分类和应用场景；掌握 LiteOS OTA 升级的特点；掌握 LiteOS OTA 升级的流程。

思考与练习

1．LiteOS OTA 升级包括哪两种？（　　）

A．ROTA B．FOTA

C．SOTA D．HOTA

2．以下不属于 LiteOS OTA 升级步骤的是＿＿＿＿＿。（　　）

A．嵌入 PCP 模块 B．嵌入 Diff 模块

C．嵌入升级模块 D．启动升级任务

3．描述 LiteOS OTA 升级的特点。

4．描述 LiteOS OTA 升级的流程。

7.3　LiteOS MapleJS 的功能

任务目标

知识目标	（1）熟悉 LiteOS MapleJS 的特点。 （2）掌握 LiteOS MapleJS 的模块系统及其应用场景
技能目标	掌握 LiteOS MapleJS 模块关键接口的使用方法
素质目标	通过查阅资料，了解 LiteOS MapleJS 的功能，提高辩证唯物主义的思维能力
思政目标	学习华为精神，坚定科技强国、技能强身的学习信念
重难点	LiteOS MapleJS 模块系统的结构和功能
学习方法	自主查阅、类比学习、头脑风暴

情境导入

LiteOS 提供了丰富的扩展组件，除了端云互通组件和 LiteOS OTA 升级组件，还有 LiteOS MapleJS 引擎，可以极大地减少开发的工作量，有助于快速、有效地建立物联网应用。

任务资讯

LiteOS MapleJS 是华为推出的面向物联网 TE 应用开发的轻量化 JavaScript 引擎及其配套的开发工具集。LiteOS MapleJS 可以运行在 LiteOS 上，并支持 HiLink 物联网协议，因此开发者能够在资源受限的嵌入式设备上使用 JavaScript 进行开发。LiteOS MapleJS 还提供了统一的抽象接口，使开发者更加聚焦于业务实现，从而提高物联网设备应用的开发效率。

1．LiteOS MapleJS 的特点

LiteOS MapleJS 具有以下 3 个特点。

（1）轻量化：Flash 占用空间小于 100KB，空载时的 RAM 占用空间小于 32KB。

（2）支持语言标准：支持 ECMAScript 5.1 标准。

（3）高可靠性：与业务代码解耦，增设了底层安全策略，提高了可靠性。

LiteOS MapleJS 还提供了一整套完善的开发环境及开发资源，主要分为以下 4 部分。

（1）LiteOS MapleJS 引擎：对 JS 代码进行高效的解释和执行。

（2）开发工具套件：提供了一套完整的集成开发环境，集成编码、编译、部署功能，在开发周期中持续辅助优化。

（3）面向设备型开发框架：支持事件驱动的编程模型，提供统一的硬件抽象接口、系统抽象接口。

（4）行业硬件使能库：提供面向行业硬件的使能库，便于第三方开发者快速开发行业应用。

2．LiteOS MapleJS 的模块系统

在 LiteOS MapleJS 开发的整体解决方案中，模块系统分为以下 2 类。

（1）基础 I/O 模块系统。典型的物联网设备都具有一定的输入/输出（I/O）能力，例如能够将通用输入/输出口（GPIO）引脚配置为适合通用异步接收/发送装置（UART）、双向二线制同步串行总线（I2C）、串行外围设备接口（SPI）等使用的形式。同时，MCU 也能操作操作系统自带的资源，如 RTC 时钟信息获取、Timer 定时器，以及对软件的加/解密操作等。LiteOS MapleJS 都提供了对应的模块系统，用户可以根据 LiteOS MapleJS 用户手册，轻松地使用模块的接口完成操作。

（2）行业共享模块系统。LiteOS MapleJS 与合作伙伴一起积累了部分行业库，开发者能够更快地开发系统，如小电动机、显示屏、智能灯带等，以期通过这种方式构建生态，使更多的智能厂商先更快地开发系统，而不用关心底层细节，再逐步积累和扩大，构建更大的行业共享库。

LiteOS MapleJS 作为华为推出的新一代物联网编程框架，使嵌入式开发实现重大转变。同时，LiteOS MapleJS 与华为 HiLink 智能家居的合作开发可以快速接入 HiLink 物联网协议，助力厂商赋能智能家居。

任务实施

1．让学生观看课前预习视频，每位学生提出 3 个问题并回答 3 个问题，积极思考，加强线上互动。

2．通过让学生查阅资料来了解 LiteOS MapleJS，分组展示资料收集成果，学习华为精神，实现课程育人目标。

任务评价

任务点	考核点		
	初级	中级	高级
LiteOS MapleJS 的功能	（1）了解 LiteOS MapleJS 的特点。 （2）熟悉 LiteOS MapleJS 的模块系统及其应用场景	（1）熟悉 LiteOS MapleJS 的特点。 （2）掌握 LiteOS MapleJS 的模块系统及其应用场景	（1）精通 LiteOS MapleJS 的特点。 （2）精通 LiteOS MapleJS 的模块系统及其应用场景

任务小结

学生通过对本节的学习，能够熟悉 LiteOS MapleJS 的特点，掌握 LiteOS MapleJS 的模块系统及其应用场景。

思考与练习

1．以下哪个选项不属于 LiteOS MapleJS 的特点？（　　）
A．轻量化　　　　　　　　　　　B．智能化
C．支持语言标准　　　　　　　　D．高可靠性
2．LiteOS MapleJS 的模块系统分为哪 2 类？（　　）
A．RTC 时钟模块系统　　　　　　B．基础 I/O 模块系统
C．行业共享模块系统　　　　　　D．Flash 模块系统
3．通过查询 LiteOS MapleJS 用户手册，描述 I2C、SPI、RTC、UART 模块的关键接口。

7.4　LiteOS 中 AT 指令的应用

任务目标

知识目标	（1）掌握 NB-IoT、Wi-Fi 和华为认证模组的 AT 指令集知识。 （2）掌握 NB-IoT 模组的 AT 指令实验知识
技能目标	能够通过 LiteOS Studio 的串口终端进行 AT 指令测试
素质目标	通过自主查阅资料，了解 LiteOS 中 AT 指令应用的基础知识，提高辩证唯物主义的思维能力
思政目标	学习华为精神，坚定科技强国、技能强身的学习信念
重难点	NB-IoT 模组的 AT 指令实验知识
学习方法	自主查阅、类比学习、头脑风暴

情境导入

AT 指令是用于 TE 与计算机应用之间连接与通信的指令。AT 指令集是从 TE 或数据终端设备（Data Terminal Equipment，DTE）向终端适配器（Terminal Adapter，TA）或数据电路终端设备（Data Circuit Terminal Equipment，DCE）发送的指令集，用于控制移动台的功能，使其与各种网络业务交互。

任务资讯

AT 指令是用来控制 TE 和 MT 之间交互的规则。

1．AT 指令分类和 AT 指令集

AT 指令是以 AT 为首、字符为尾、AT 指令的响应数据包在中间的字符串，每个指令不论执行成功与否都有相应的返回。AT 指令的分类如表 7-4-1 所示。

表 7-4-1　AT 指令的分类

类别	语法	举例
测试指令	AT+<x>=?	AT+CMEE=?
查询指令	AT+<x>?	AT+CMEE?

续表

类别	语法	举例
设置指令	AT+<x>=<···>	AT+CMEE=0
执行指令	AT+<x>	AT+NRB

大部分模组支持 3GPP TS27.007 AT 指令集，并在此基础上扩展出自定义指令集。以 C 开头的指令（如 AT+CFUN）是通用的指令，以 N 开头的指令是模组厂商自定义的指令，不同的模组厂商可能使用不同的指令实现相同的功能，下面针对不同的模组介绍对应指令集。

（1）NB-IoT AT 指令集。MCU 通过 AT 指令对通信模组进行控制。终端厂商除了实现相应业务功能的开发，还需要开发相关程序来调用 AT 指令，以控制通信模组。NB-IoT AT 指令集如表 7-4-2 所示。

表 7-4-2　NB-IoT AT 指令集

操作目的	AT 指令
关闭功能	AT+CFUN=0
查询软件版本	AT+CGMR
查询设备号	AT+CGSN=1
设置平台地址	AT+NCDP=xx.xx.xx.xx
设置 APN	AT+CGDCONT=1,"IP","xxxx"
重启模组	AT+NRB
开启功能	AT+CFUN=1
查询 SIM 卡的 IMSI	AT+CIMI
基站连接通知	AT+CSCON=1
核心网连接通知	AT+CEREG=2
下行数据通知	AT+NNMI=1
数据发送成功通知	AT+NSMI=1
网络附着	AT+CGATT=1
查询 UE 状态	AT+NUESTATS
查询核心网分配 IP 地址	AT+CGPADDR
发送数据	AT+NMGS=1,11
查询发送缓存	AT+NQMGS
查询接收缓存	AT+NQMGR

（2）Wi-Fi AT 指令集。Wi-Fi 作为非 3GPP 标准的短距无线通信技术，其 AT 指令与 NB-IoT 不同，更多与网关交互，通过网关作为统一出口访问网络，故其不涉及 SIM 卡、无线及核心网等的运营商相关数据。Wi-Fi AT 指令集如表 7-4-3 所示。

表 7-4-3　Wi-Fi AT 指令集

操作目的	AT 指令
重启模块	AT+RST
查询版本信息	AT+GMR
连接 AP	AT+CWJAP
与 AP 断开连接	AT+CWQAP
查询网络连接信息	AT+CIPSTATUS

续表

操作目的	AT 指令
域名解析	AT+CIPDOMAIN
建立连接	AT+CIPSTART
设置 TM 模式	AT+CIPMODE
发送数据	AT+CIPSEND
查询本地 IP 地址	AT+CIFSR
Ping 功能	AT+PING
恢复出厂设置	AT+RESTORE
查询系统的当前剩余内存	AT+SYSRAM

（3）华为认证模组 AT 指令集。经过兼容性认证的模组，在 AT 指令及格式规范基本与华为通用要求一致时，部分模组厂家受限于自己的 AT 通道，在 AT 指令操作方面稍有不同。华为认证模组 AT 指令集如表 7-4-4 所示。

表 7-4-4　华为认证模组 AT 指令集

操作目的	AT 指令
获取华为 SDK 的版本信息	AT+HMVER
设置 MQTT 协议的连接参数	AT+HMCON
关闭和华为物联网开发平台的连接	AT+HMDIS
发送 MQTT 协议数据到指定 TOPIC	AT+HMPUB
将模组接收到的数据通过该方式传送给外部 MCU	AT+HMREC
将模组连接或者断开的状态主动传送给外部 MCU	AT+HMSTS
建立连接	AT+CIPSTART
订阅自定义主题	AT+HMSUB
取消订阅自定义主题	AT+HMUNS
设置服务器或者客户端证书	AT+HMPKS

2．基于 NB-IoT 模组的 AT 指令实验

下面基于博赛的智能物联开发实训箱搭载的 NB35-A 型号的 NB-IoT 模组，完成 AT 指令的设备注册、模组入网等操作。

在物联网平台上注册设备的步骤如下。

第一步：连接开发板。将物联网卡按照 NB35-A 通信扩展板上的提示插入扩展板背面的卡槽，NB-IoT 模组装载物联网卡示意图如图 7-4-1 所示。

将 NB35-A 通信扩展板插到博赛智能物联开发实训箱上的 NB-IoT 位置，并将串口模式的切换开关拨到 AT<->PC 模式（表示 NB-IoT 模组连接在计算机上），NB-IoT 模组及 AT-PC 位置示意图如图 7-4-2 所示。

图 7-4-1　NB-IoT 模组装载物联网卡示意图

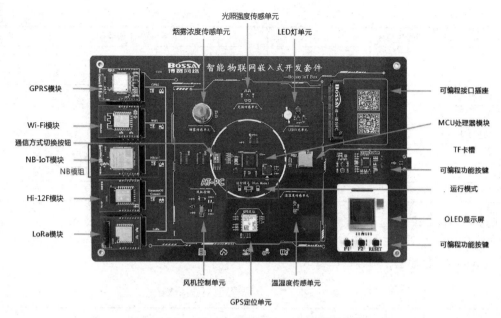

图 7-4-2 NB-IoT 模组及 AT-PC 位置示意图

用 USB 将实训箱与计算机连接起来，右击桌面上的"计算机"图标，在弹出的快捷菜单中选择"管理"命令，在打开的窗口中选择"系统工具"下拉列表中的"设备管理器"选项，在"端口"的下拉列表中找到 STLink 的端口号，如图 7-4-3 所示。

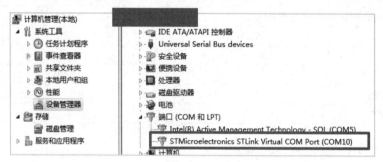

图 7-4-3 STLink 的端口号

第二步：打开 LiteOS Studio 串口终端，如图 7-4-4 所示。打开已安装的 LiteOS Studio，单击工具栏中的"串口终端"按钮 。

在串口终端中，选择对应的端口号，并且波特率选择"9600"，校验位选择"None"，数据位选择"8"，停止位选择"1"，流控选择"None"，单击"串口开关"按钮，LiteOS Studio 串口终端设置如图 7-4-5 所示。

第三步：查询 NB-IoT 模组的 IMEI 号，如图 7-4-6 所示。添加真实设备时，设备标识码必须使用 IMEI 号，可以通过"AT+CGSN=1"指令查询返回"+CGSN:86XXXXXXXXXXXXXX"。使用 NB-IoT 模组对接，需填写模组的 IMEI 号，NB-IoT 模组的 IMEI 号通常为 15 位的数字，一般以 86 开头，刻于 NB-IoT 模组上。

在发送区输入"AT+CGSN=1"，按回车键换行，单击"发送"按钮，接收区返回的值中"+CGSN:"后面 86 开头的数字为 IMEI 号。

第四步：在华为云的物联网平台上注册设备，如图 7-4-7 所示。

打开华为云的物联网平台，选择"设备"→"所有设备"选项，单击"注册设备"按钮。

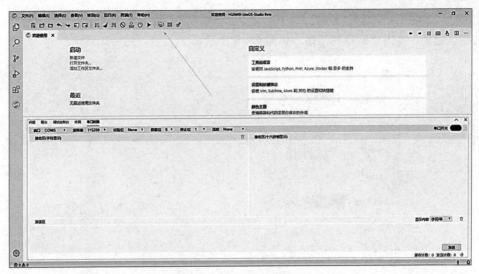

图 7-4-4　打开 LiteOS Studio 串口终端

图 7-4-5　LiteOS Studio 串口终端设置

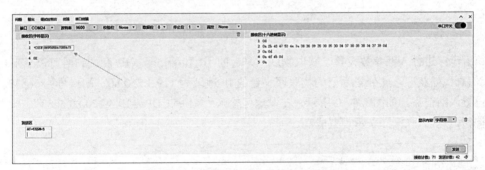

图 7-4-6　查询 NB-IoT 模组的 IMEI 号

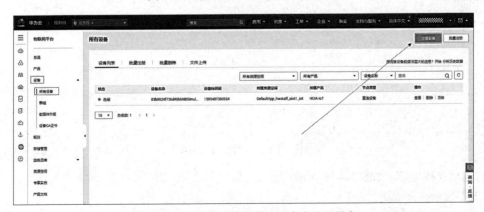

图 7-4-7　在华为云的物联网平台上注册设备

使用默认资源空间，选择所属产品，在"设备标识码"文本框中输入第三步查询到的 IMEI 号，设备名称自定义，单击"确定"按钮，如图 7-4-8 所示。

图 7-4-8　设备注册

设备注册成功，在未上报数据之前，仍然处于未激活状态，如图 7-4-9 所示。

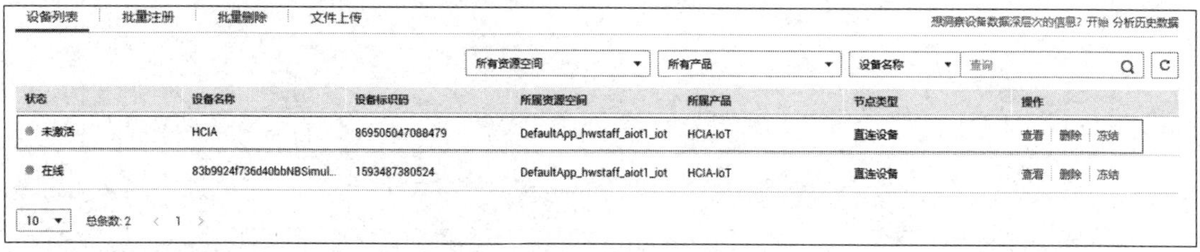

图 7-4-9　设备注册成功

第五步：进行入网参数设置。获取物联网平台的 IP 和端口号（IP 和端口号可以从平台上的"对接信息"处获取，此处华为云的物联网平台的 IP 地址为 119.3.250.80，端口号为 5683）。

设置入网信息，如图 7-4-10 所示，在发送区输入"AT+NCDP=119.3.250.80,5683"，单击"发送"按钮，返回"OK"表示设置成功。

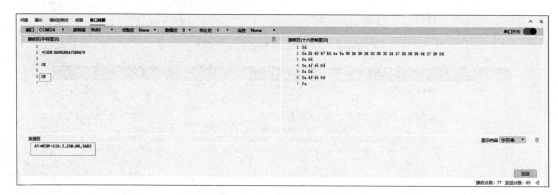

图 7-4-10　设置入网信息

打开协议栈功能，如图 7-4-11 所示，在发送区输入"AT+CFUN=1"，单击"发送"按钮，返回"OK"表示打开成功。

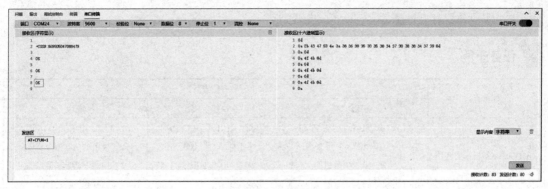

图 7-4-11 打开协议栈功能

查看 NB-IoT 模组的网络附着状态，如图 7-4-12 所示，在发送区输入"AT+CGATT?"，单击"发送"按钮，返回值为"0"表示网络未附着，返回值为"1"表示网络附着成功。

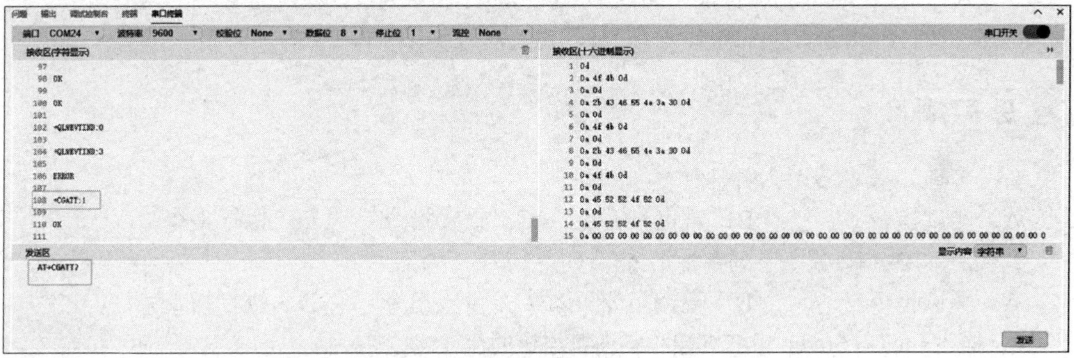

图 7-4-12 查看 NB-IoT 模组的网络附着状态

设置网络附着，如图 7-4-13 所示，如果返回值为"0"，那么在发送区输入"AT+CGATT=1"，单击"发送"按钮，返回"OK"表示网络附着成功。

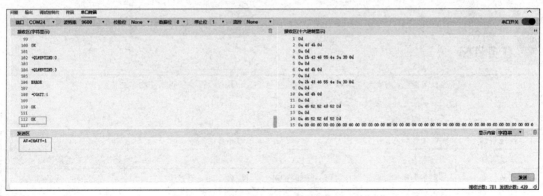

图 7-4-13 设置网络附着

任务实施

1. 让学生观看课前预习视频，每位学生提出 3 个问题并回答 3 个问题，积极思考，加强线上互动。

2. 通过让学生查阅资料来了解 NB-IoT 模组的 AT 指令集，分组展示资料收集成果，学习华为精神，实现课程育人目标。

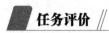 **任务评价**

任务点	考核点		
	初级	中级	高级
LiteOS 中 AT 指令的应用	（1）区分 NB-IoT、Wi-Fi 和华为认证模组的 AT 指令集。 （2）熟悉 NB-IoT 模组的 AT 指令实验知识	（1）掌握 NB-IoT、Wi-Fi 和华为认证模组的 AT 指令集知识。 （2）掌握 NB-IoT 模组的 AT 指令实验知识	（1）精通 NB-IoT、Wi-Fi 和华为认证模组的 AT 指令集知识。 （2）精通 NB-IoT 模组的 AT 指令实验知识

任务小结

学生通过对本节的学习，能够掌握 NB-IoT、Wi-Fi 和华为认证模组的 AT 指令集知识，掌握 NB-IoT 模组的 AT 指令实验知识。

思考与练习

1．（多选）AT 指令分为哪几种？（　　　）

A．测试指令　　　　　B．查询指令　　　C．设置指令　　　D．执行指令

2．AT+NRB 指令属于下列哪种指令？（　　　）

A．测试指令　　　　　B．查询指令　　　C．设置指令　　　D．执行指令

3．描述 LiteOS Studio 串口终端和实训箱连接的流程。

4．描述 NB-IoT 实验中的常用 AT 指令及返回值。

7.5　基于 NB-IoT 的智慧路灯仿真控制

任务目标

知识目标	（1）掌握通过华为云的物联网平台创建智慧路灯产品和设置编解码插件的方法。 （2）掌握光照强度传感器获取数据的方法。 （3）掌握华为云的物联网平台设备的联动方法
技能目标	能够通过华为云的物联网平台和代码编写完成智慧路灯的场景实验
素质目标	通过自主查阅资料，了解基于 NB-IoT 智慧路灯的仿真控制方法，提高辩证唯物主义的思维能力
思政目标	学习华为精神，坚定科技强国、技能强身的学习信念
重难点	重点：华为云的物联网平台设备的联动方法 难点：光照强度传感器获取数据的方法
学习方法	自主查阅、类比学习、头脑风暴

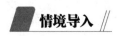 **情境导入**

智慧路灯的使用是智慧城市管理中的重要一环，本节针对智慧城市的夜晚出行场景设计了智

慧路灯的应用场景，依托华为云的物联网平台完成了物联网平台端产品模型的开发，并基于博赛智能物联开发实训箱完成了华为轻量级物联网操作系统 LiteOS 端的集成，最后进行了端云互通调测，使华为云的物联网平台在智慧路灯场景下能够实时监测当前场景的光照强度变化，根据实时光照强度实现路灯的自动开关功能。

任务资讯

本节的目的是利用华为云的物联网平台开发智慧路灯项目，在华为云的物联网平台端进行资源空间建立、产品属性及编解码插件开发、Web 应用开发；基于博赛智能物联开发实训箱完成华为轻量级物联网操作系统 LiteOS 端的集成，并进一步完成端侧设备的应用和开发；利用 NB-IoT 通信技术，实现 Web 应用对设备端上报的光照强度等数据的采集，并根据数据下发指令；利用平台规则引擎制定自动控制规则，实现自动开关灯调节光照等的操作；让学生利用所学物联网知识开发智慧路灯模型，加深学生对物联网理论知识的理解。

（1）创建资源空间及产品。

在物联网平台主界面选择"资源空间"选项，进行资源空间的创建，注意命名规则。

创建资源空间后，选择"产品"选项，单击"创建产品"按钮，产品创建界面（部分）（一）如图 7-5-1 所示。

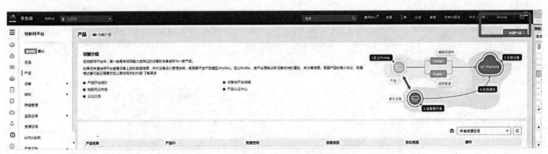

图 7-5-1 产品创建界面（部分）（一）

创建产品信息（一）如图 7-5-2 所示，在"创建产品"对话框中，将产品名称设置为"zhihuiludeng"，协议类型选择"LwM2M/CoAP"，数据格式选择"二进制码流"，厂商名称自定义，设备类型也自定义。

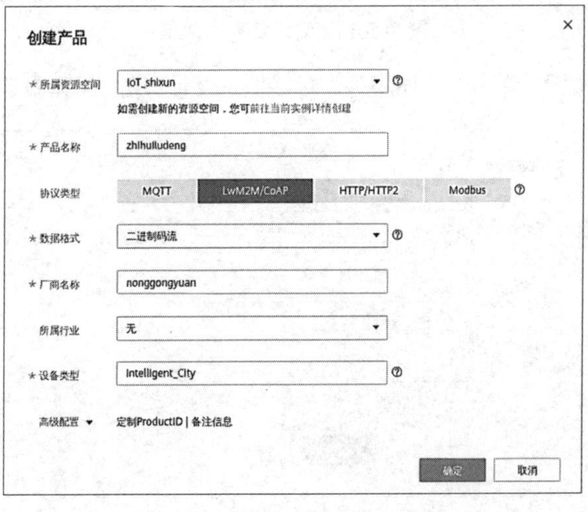

图 7-5-2 创建产品信息（一）

单击"确定"按钮，提示"创建产品成功"，则产品创建完成，如图 7-5-3 所示。

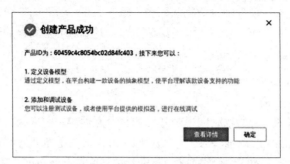

图 7-5-3　产品创建完成

（2）定义产品、服务模型。

选择创建的产品，打开产品编辑界面，单击"自定义模型"按钮，自定义产品模型如图 7-5-4
所示。

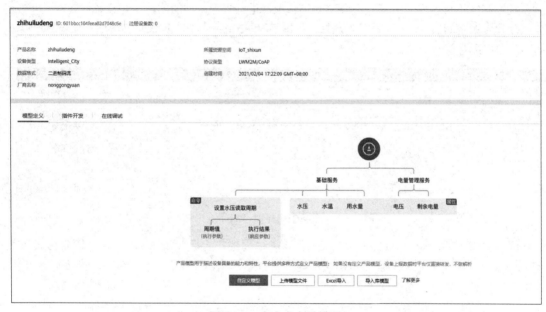

图 7-5-4　自定义产品模型

单击"添加服务"按钮，弹出"添加服务"对话框，设置服务 ID 和服务类型，如图 7-5-5 所示。

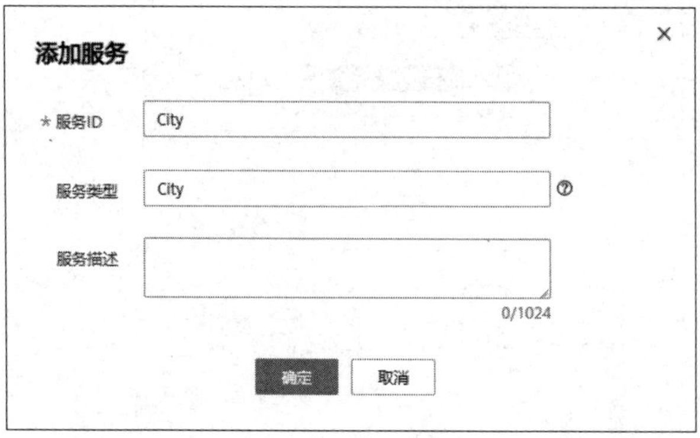

图 7-5-5　添加服务

模型定义界面（部分）如图 7-5-6 所示。

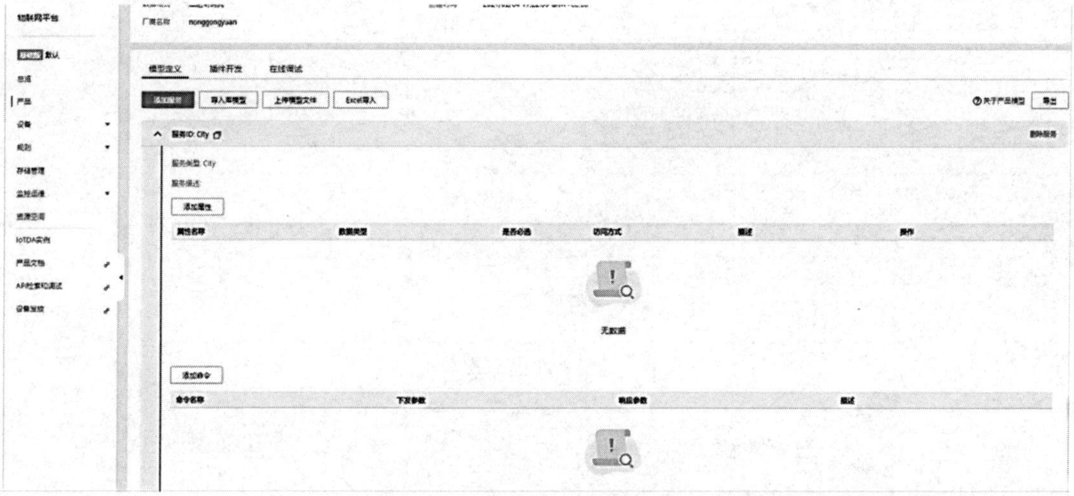

图 7-5-6　模型定义界面（部分）

单击"添加属性"按钮，将光照强度数据添加到产品模型中，将属性名称设置为"Luminance"，数据类型选择"int(整型)"，访问权限勾选"可读""可写"复选框，单击"确定"按钮，如图 7-5-7 所示。

图 7-5-7　新增光照强度属性

单击"添加命令"按钮，创建一个名称为"City_Control_Light"的命令。

将命令名称设置为"City_Control_Light"，单击"新增输入参数"按钮，新增命令界面如图 7-5-8 所示。

首先，新增 Light 控制参数，将参数名称设置为"Light"，将数据类型设置为"string(字符串)"，将长度设置为"3"，将枚举值设置为"ON,OFF"，单击"确定"按钮，如图 7-5-9 所示。

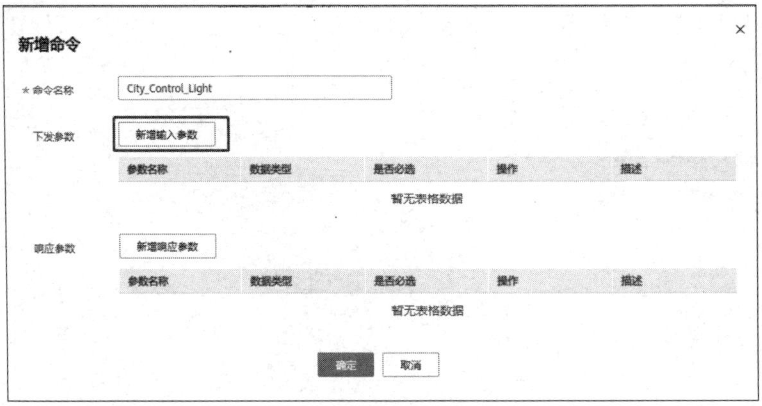

图 7-5-8　新增命令界面

图 7-5-9　新增 Light 控制参数

　　然后，新增响应参数。单击"新增响应参数"按钮，新增名为"Light_State"的参数，用于响应下发的 LED 灯控制命令，这里直接使用 int 类型的 0 或 1 来表示 LED 灯开关的状态，单击"确定"按钮，如图 7-5-10 所示。

图 7-5-10　新增响应参数

添加 "City_Control_Light" 命令完成，单击 "确定" 按钮，如图 7-5-11 所示。

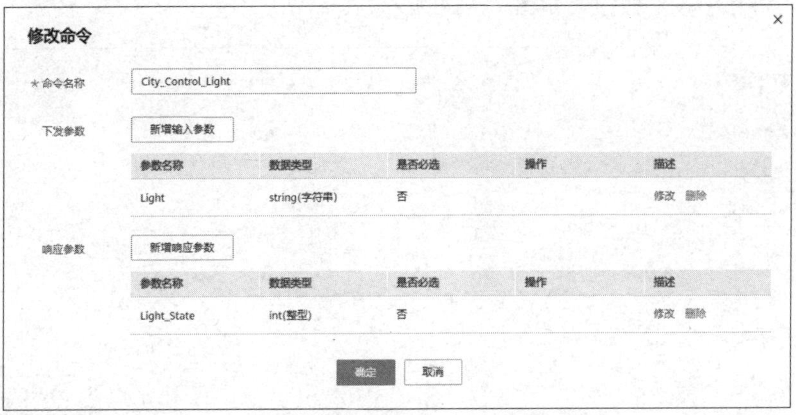

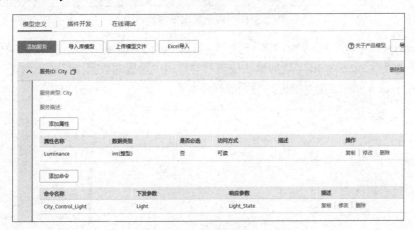

图 7-5-11　添加命令完成

智慧城市服务 City 功能定义完成，则产品模型添加完成，如图 7-5-12 所示。

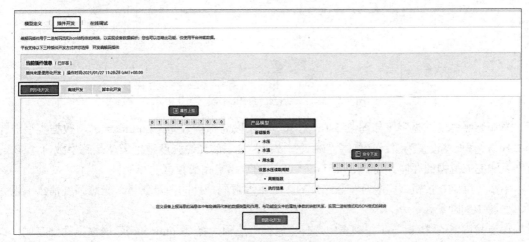

图 7-5-12　产品模型添加完成

（3）在编解码插件开发界面（见图 7-5-13），选择 "插件开发" → "图形化开发" 选项，单击下方的 "图形化开发" 按钮。

图 7-5-13　编解码插件开发界面

单击"新增消息"按钮，新增数据上报消息。将消息名设置为"City"，消息类型选择"数据上报"，单击"添加字段"按钮，如图 7-5-14 所示。

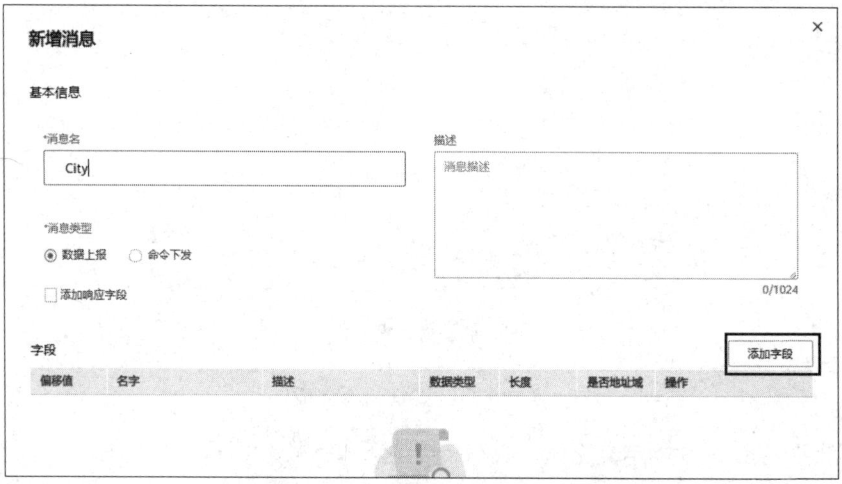

图 7-5-14　新增数据上报消息

添加 messageId 字段（一）如图 7-5-15 所示，勾选"标记为地址域"复选框，默认值改为 0x2，单击"确认"按钮。messageId 字段的默认值需要与代码中设置的数据上报的十六进制数据相同，这样才能根据 messageId 字段上报正确的光照强度数据。

图 7-5-15　添加 messageId 字段（一）

添加光照强度数据字段如图 7-5-16 所示，将字段名称设置为"Luminance"，数据类型选择"Int16u"，将长度设置为"2"，单击"确认"按钮；这里的光照强度数据类型是整型数值，1B 的数据无法完成数据的存储，需要"int16u"（2B）的数据来完成数据的存储。

单击"确定"按钮，完成对智慧路灯数据上报编解码插件的消息新增，光照强度消息上报完成，如图 7-5-17 所示。

在产品模型的"City"下拉列表中选择"属性"选项，将"Luminance"属性拖动到左侧，数据上报消息和产品模型属性对应如图 7-5-18 所示。

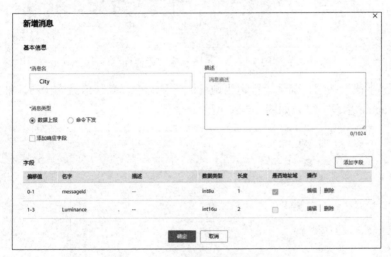

图 7-5-16　添加光照强度数据字段

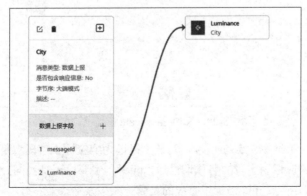

图 7-5-17　光照强度消息上报完成

图 7-5-18　数据上报消息和产品模型属性对应

　　对命令下发消息的编解码插件进行设置，单击"新增消息"按钮，将消息名设置为"City_Control_Light"，消息类型选择"命令下发"，勾选"添加响应字段"复选框，这里出现了字段和响应字段的添加区域，说明既需要下发命令的字段，又需要对下发命令响应的字段，新增响应字段界面如图 7-5-19 所示。

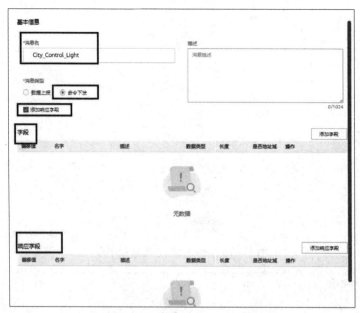

图 7-5-19　新增响应字段界面

单击"添加字段"按钮，勾选"标记为地址域"复选框，默认值改为 0x3，单击"确认"按钮，添加 messageId 字段（二）如图 7-5-20 所示。

图 7-5-20　添加 messageId 字段（二）

添加 mid 字段（一）如图 7-5-21 所示，勾选"标记为响应标识字段"复选框，其他默认，单击"确认"按钮；将响应标识字段的名称设置为"mid"，主要原因是当同一条下发命令多次下发时，除了 messageId，还需要 mid 来标识响应的是哪一条下发命令。

添加控制 LED 灯字段如图 7-5-22 所示，将字段名称设置为"Light"，数据类型选择"string"，将长度设置为"3"，单击"确认"按钮。

接下来，需要添加响应字段，单击"添加响应字段"按钮。添加 messageId 字段（三）如图 7-5-23 所示，勾选"标记为地址域"复选框，默认值改为 0x4，单击"确定"按钮。

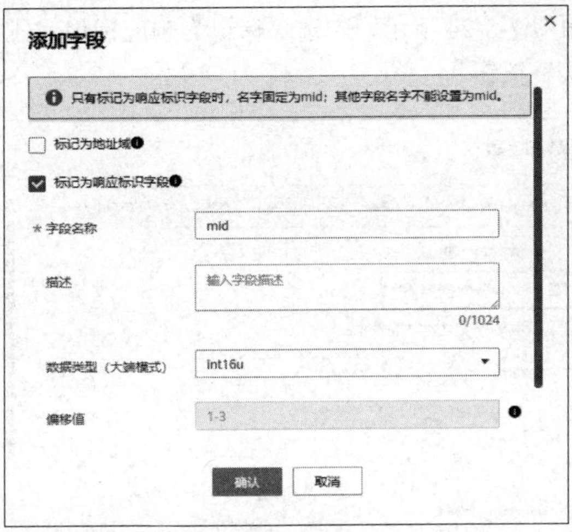

图 7-5-21　添加 mid 字段（一）

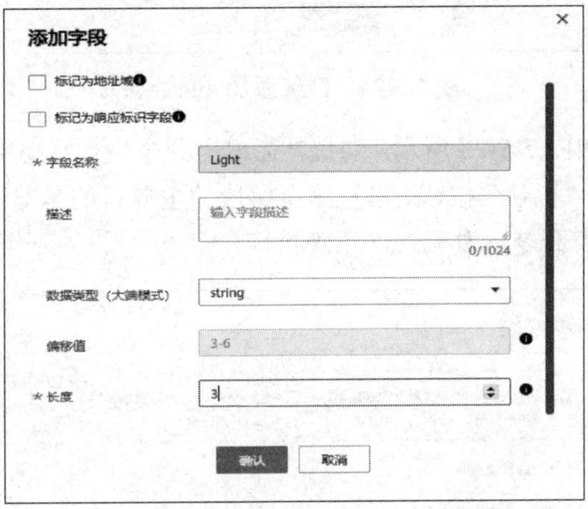

图 7-5-22　添加控制 LED 灯字段

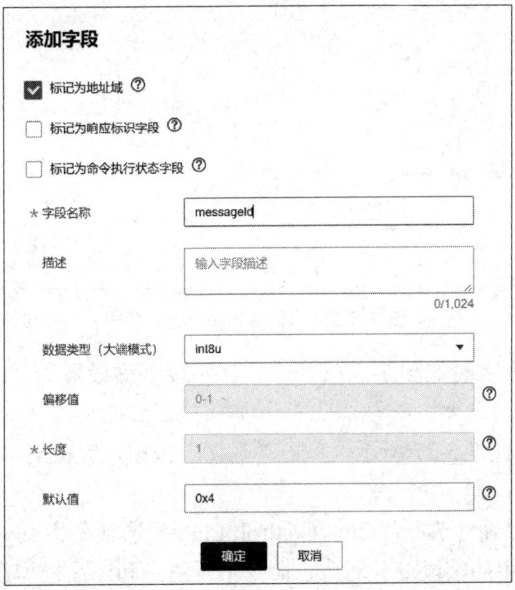

图 7-5-23　添加 messageId 字段（三）

继续添加 mid 字段如图 7-5-24 所示，勾选"标记为响应标识字段"复选框，将字段名称设置为"mid"，单击"确认"按钮。

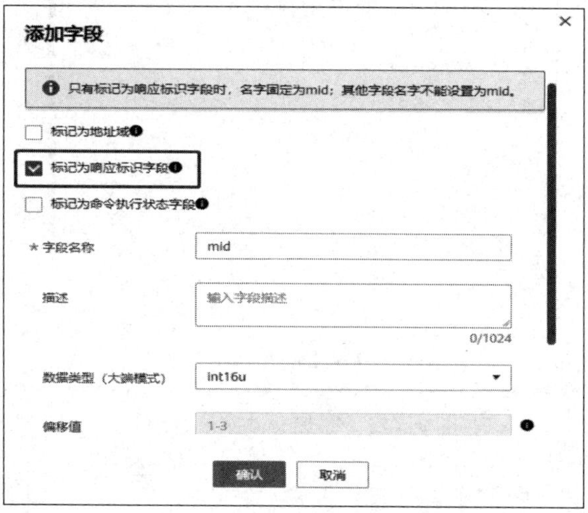

图 7-5-24　继续添加 mid 字段

添加 errorcode 字段如图 7-5-25 所示，勾选"标记为命令执行状态字段"复选框，将字段名称设置为"errorcode"，单击"确认"按钮。设置这个字段的主要目的是对下发命令的情况进行回应，一般来说，回应"0"代表命令下发无误，正确执行。

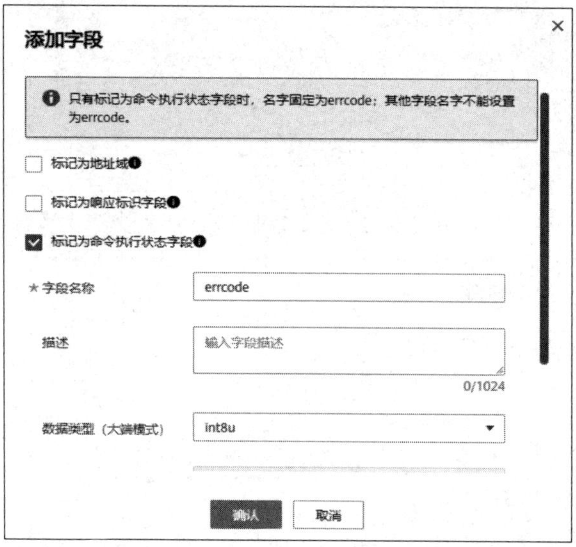

图 7-5-25　添加 errorcode 字段

添加 LED 灯状态响应字段如图 7-5-26 所示，将字段名称设置为"Light_State"，单击"确认"按钮。

添加命令下发消息如图 7-5-27 所示，单击"确认"按钮，完成对命令下发编解码插件的消息新增。

依次选择"City"→"命令"→"City_Control_Light"选项，将 Light 和 Light_State 两个字段逐个拖动到左侧，与消息中的字段一一对应，命令下发消息和产品模型命令对应（一）如图 7-5-28所示。

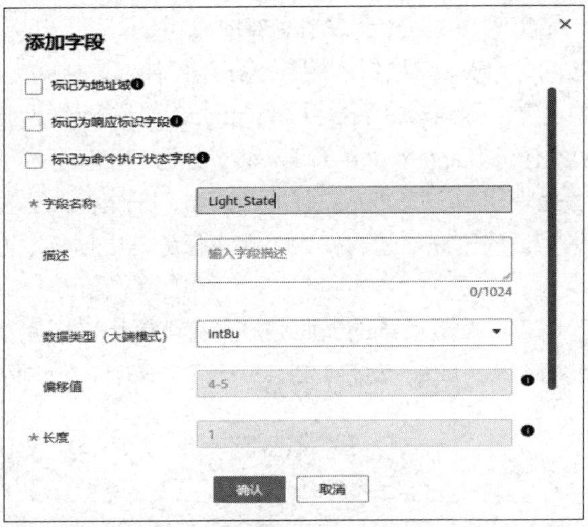

图 7-5-26 添加 LED 灯状态响应字段

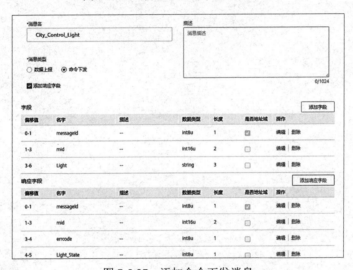

图 7-5-27 添加命令下发消息

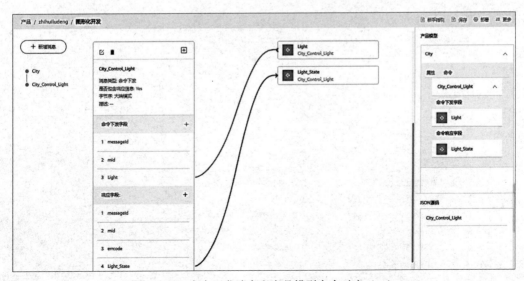

图 7-5-28 命令下发消息和产品模型命令对应（一）

单击"保存"按钮，智慧城市 Light 命令消息新增成功。

依次单击"部署"按钮、"确认"按钮，等待"在线插件部署成功"的提示。

光照强度数据获取函数：standard_app_demo_main()，该函数为 main 函数，涉及 app_collect_task_entry 数据采集任务、app_report_task_entry 数据上报任务和 app_cmd_task_entry 命令响应任务。数据采集任务是调用 BH1750 光照强度传感器，采集光照强度数据；数据上报任务是将采集到的数据上报给华为云的物联网平台；命令响应任务是根据物联网平台下发的命令，进行对应的操作并予以响应。

添加 I2C 配置代码：由于开发板板载的光照强度传感器是由 I2C 驱动的，并且使用 I2C1，所以需要添加 I2C1 的配置文件。在 targets/STM32L431VCT6_Bossay/Inc/路径下添加 i2c.h 的文件，添加如下代码。

```
#ifndef __i2c_H
#define __i2c_H
#ifdef __cplusplus
 extern "C" {
#endif
/* Includes ------------------------------------------------------------------*/
#include "main.h"
/* USER CODE BEGIN Includes */
/* USER CODE END Includes */
extern I2C_HandleTypeDef hi2c1;
/* USER CODE BEGIN Private defines */
/* USER CODE END Private defines */
void MX_I2C1_Init(void);
/* USER CODE BEGIN Prototypes */
/* USER CODE END Prototypes */
#ifdef __cplusplus
}
#endif
#endif /*__ i2c_H */
```

在 targets/STM32L431VCT6_Bossay/Src/路径下添加 i2c.c 的文件，添加如下代码。

```
/* Includes ------------------------------------------------------------------*/
#include "i2c.h"
/* USER CODE BEGIN 0 */
/* USER CODE END 0 */
I2C_HandleTypeDef hi2c1;
/* I2C1 init function */
void MX_I2C1_Init(void)
{
    hi2c1.Instance = I2C1;
    hi2c1.Init.Timing = 0x10909CEC;
    hi2c1.Init.OwnAddress1 = 0;
    hi2c1.Init.AddressingMode = I2C_ADDRESSINGMODE_7BIT;
    hi2c1.Init.DualAddressMode = I2C_DUALADDRESS_DISABLE;
    hi2c1.Init.OwnAddress2 = 0;
    hi2c1.Init.OwnAddress2Masks = I2C_OA2_NOMASK;
    hi2c1.Init.GeneralCallMode = I2C_GENERALCALL_DISABLE;
    hi2c1.Init.NoStretchMode = I2C_NOSTRETCH_DISABLE;
    if (HAL_I2C_Init(&hi2c1) != HAL_OK)
    {
```

```
        Error_Handler();
    }
    /** Configure Analogue filter
    */
    if (HAL_I2CEx_ConfigAnalogFilter(&hi2c1, I2C_ANALOGFILTER_ENABLE) != HAL_OK)
    {
        Error_Handler();
    }
    /** Configure Digital filter
    */
    if (HAL_I2CEx_ConfigDigitalFilter(&hi2c1, 0) != HAL_OK)
    {
        Error_Handler();
    }
}
void HAL_I2C_MspInit(I2C_HandleTypeDef* i2cHandle)
{
    GPIO_InitTypeDef GPIO_InitStruct = {0};
    if(i2cHandle->Instance==I2C1)
    {
    /* USER CODE BEGIN I2C1_MspInit 0 */
    /* USER CODE END I2C1_MspInit 0 */
        __HAL_RCC_GPIOB_CLK_ENABLE();
        /**I2C1 GPIO Configuration
        PB6     ------> I2C1_SCL
        PB7     ------> I2C1_SDA
        */
        GPIO_InitStruct.Pin = GPIO_PIN_6|GPIO_PIN_7;
        GPIO_InitStruct.Mode = GPIO_MODE_AF_OD;
        GPIO_InitStruct.Pull = GPIO_PULLUP;
        GPIO_InitStruct.Speed = GPIO_SPEED_FREQ_VERY_HIGH;
        GPIO_InitStruct.Alternate = GPIO_AF4_I2C1;
        HAL_GPIO_Init(GPIOB, &GPIO_InitStruct);
        /* I2C1 clock enable */
        __HAL_RCC_I2C1_CLK_ENABLE();
    /* USER CODE BEGIN I2C1_MspInit 1 */
    /* USER CODE END I2C1_MspInit 1 */
    }
    else if(i2cHandle->Instance==I2C2)
    {
    /* USER CODE BEGIN I2C2_MspInit 0 */
    /* USER CODE END I2C2_MspInit 0 */
        __HAL_RCC_GPIOB_CLK_ENABLE();
        /**I2C2 GPIO Configuration
        PB10     ------> I2C2_SCL
        PB11     ------> I2C2_SDA
        */
        GPIO_InitStruct.Pin = GPIO_PIN_10|GPIO_PIN_11;
        GPIO_InitStruct.Mode = GPIO_MODE_AF_OD;
        GPIO_InitStruct.Pull = GPIO_PULLUP;
        GPIO_InitStruct.Speed = GPIO_SPEED_FREQ_VERY_HIGH;
        GPIO_InitStruct.Alternate = GPIO_AF4_I2C2;
```

```
        HAL_GPIO_Init(GPIOB, &GPIO_InitStruct);
        /* I2C2 clock enable */
        __HAL_RCC_I2C2_CLK_ENABLE();
    /* USER CODE BEGIN I2C2_MspInit 1 */
    /* USER CODE END I2C2_MspInit 1 */
    }
}
void HAL_I2C_MspDeInit(I2C_HandleTypeDef* i2cHandle)
{
    if(i2cHandle->Instance==I2C1)
    {
    /* USER CODE BEGIN I2C1_MspDeInit 0 */
    /* USER CODE END I2C1_MspDeInit 0 */
        /* Peripheral clock disable */
        __HAL_RCC_I2C1_CLK_DISABLE();
        /**I2C1 GPIO Configuration
        PB6      ------> I2C1_SCL
        PB7      ------> I2C1_SDA
        */
        HAL_GPIO_DeInit(GPIOB, GPIO_PIN_6|GPIO_PIN_7);
    /* USER CODE BEGIN I2C1_MspDeInit 1 */
    /* USER CODE END I2C1_MspDeInit 1 */
    }
    else if(i2cHandle->Instance==I2C2)
    {
    /* USER CODE BEGIN I2C2_MspDeInit 0 */
    /* USER CODE END I2C2_MspDeInit 0 */
        /* Peripheral clock disable */
        __HAL_RCC_I2C2_CLK_DISABLE();
        /**I2C2 GPIO Configuration
        PB10      ------> I2C2_SCL
        PB11      ------> I2C2_SDA
        */
        HAL_GPIO_DeInit(GPIOB, GPIO_PIN_10|GPIO_PIN_11);
    /* USER CODE BEGIN I2C2_MspDeInit 1 */
    /* USER CODE END I2C2_MspDeInit 1 */
    }
}
/* USER CODE BEGIN 1 */
/* USER CODE END 1 */
```

接下来，需要添加温湿度传感器的驱动程序文件，在 targets/STM32L431VCT6_Bossay/Inc/路径下添加 i2cdev_drv.h 的文件，添加如下代码。

```
#include <stdio.h>
#include <stddef.h>
#include <stdint.h>
#ifndef __I2CDEV_H__
#define __I2CDEV_H__

#define    BH1750_ADDR_WRITE    0x46    //01000110
#define    BH1750_ADDR_READ     0x47    //01000111

typedef enum
```

```
{
    POWER_OFF_CMD     =     0x00,     //断电：无激活状态
    POWER_ON_CMD      =     0x01,     //通电：等待测量指令
    RESET_REGISTER    =     0x07,     //重置数字寄存器（在断电状态下不起作用）
    CONT_H_MODE       =     0x10,     //连续H分辨率模式：在11x分辨率下开始测量，测量时间为120ms
    CONT_H_MODE2      =     0x11,     //连续H分辨率模式2：在0.51x分辨率下开始测量，测量时间为120ms
    CONT_L_MODE       =     0x13,     //连续L分辨率模式：在411分辨率下开始测量，测量时间为16ms
    ONCE_H_MODE       =     0x20,     //一次高分辨率模式：在11x分辨率下开始测量，测量时间为120ms，
//测量后，自动设置为断电模式
    ONCE_H_MODE2      =     0x21,     //一次高分辨率模式2：在0.51x分辨率下开始测量，测量时间为120ms，
//测量后，自动设置为断电模式
    ONCE_L_MODE       =     0x23     //一次低分辨率模式：在411x分辨率下开始测量，测量时间为16ms，
//测量后，自动设置为断电模式
} BH1750_MODE;
uint8_t BH1750_Send_Cmd(BH1750_MODE cmd);
uint8_t BH1750_Read_Dat(uint8_t* dat);
uint16_t BH1750_Dat_To_Lux(uint8_t* dat);
#endif
```

在 targets/STM32L431VCT6_Bossay/Src/路径下添加 i2cdev_drv.c 的文件，添加如下代码。

```
#include "i2cdev_drv.h"
#include "i2c.h"
#include "osal.h"
#define CRC8_POLYNOMIAL 0x31
uint8_t  BH1750_Send_Cmd(BH1750_MODE cmd)
{
    return HAL_I2C_Master_Transmit(&hi2c1, BH1750_ADDR_WRITE, (uint8_t*)&cmd, 1, 0xFFFF
);
}
/**
 * @brief      从 BH1750 光照强度传感器接收一次光强数据
 * @param      dat —— 存储光照强度的地址（两个字节的数组）
 * @retval     成功 —— 返回 HAL_OK
*/
uint8_t BH1750_Read_Dat(uint8_t* dat)
{
    return HAL_I2C_Master_Receive(&hi2c1, BH1750_ADDR_READ, dat, 2, 0xFFFF);
}
/**
 * @brief      将 BH1750 光照强度传感器的两个字节的数据转换为光照强度值（0~65535）
 * @param      dat —— 存储光照强度的地址（两个字节的数组）
 * @retval     成功 —— 返回光照强度值
*/
uint16_t BH1750_Dat_To_Lux(uint8_t* dat)
{
    uint16_t lux = 0;
    lux = dat[0];
    lux <<= 8;
    lux += dat[1];
    lux = (int)(lux / 1.2);
    return lux;
}
```

创建程序文件：在 targets/STM32L431VCT6_Bossay/Demos/路径下创建名为"lux_test_demo.c"

的程序文件，添加 main 函数代码、数据采集任务代码、数据上报任务代码和命令响应任务代码，
代码如下。

```c
#include <stdint.h>
#include <stddef.h>
#include <string.h>
#include <osal.h>
#include <oc_lwm2m_al.h>
#include <link_endian.h>
#include <boudica150_oc.h>
#include "DEMO.h"
#include "BH1750.h"
#include "Actuators.h"
#include "lcd.h"
#include <gpio.h>
#include <stm32l4xx_it.h>
#define cn_endpoint_id          "SDK_LWM2M_NODTLS"
#define cn_app_server           "119.3.250.80"
#define cn_app_port             "5683"
#define cn_app_connectivity     0
#define cn_app_lightstats       1
#define cn_app_light            2
#define cn_app_ledcmd           3
#define cn_app_cmdreply         4
#pragma pack(1)
typedef struct
{
    int8_t msgid;
    int16_t rsrp;
    int16_t ecl;
    int16_t snr;
    int32_t cellid;
}app_connectivity_t;
typedef struct
{
    int8_t msgid;
    int16_t tog;
}app_toggle_t;
typedef struct
{
    int8_t msgid;
    int16_t intensity;
}app_light_intensity_t;
typedef struct
{
    int8_t msgid;
    uint16_t mid;
    char led[3];
}app_led_cmd_t;
typedef struct
{
    int8_t msgid;
    uint16_t mid;
```

```
    int8_t errorcode;
    char curstats[3];
}app_cmdreply_t;
#pragma pack()
//void*context;
int *ue_stats;
int8_t key1 = 0;
int8_t key2 = 0;
int16_t toggle = 0;
int16_t lux;
int8_t qr_code = 1;
//const unsigned char gImage_Huawei_IoT_QR_Code[114720];
const unsigned char gImage_Bossaylogo[45128];
IoTBox_Lux_Data_TypeDef IoTBox_Lux_Data;
void HAL_GPIO_EXTI_Callback(uint16_t GPIO_Pin)
{
    switch(GPIO_Pin)
    {
        case KEY1_Pin:
            key1 = 1;
            printf("proceed to get ue_status!\r\n");
            break;
        case KEY2_Pin:
            key2 = 1;
            printf("toggle LED and report!\r\n");
            toggle = !toggle;
            HAL_GPIO_TogglePin(LIGHT_GPIO_Port,LIGHT_Pin);
            break;
        default:
            break;
    }
}
//if your command is very fast, please use a queue here--TODO
#define cn_app_rcv_buf_len 128
static int             s_rcv_buffer[cn_app_rcv_buf_len];
static int             s_rcv_datalen;
static osal_semp_t     s_rcv_sync;
static void timer1_callback(void *arg)
{
    qr_code = !qr_code;
    LCD_Clear(WHITE);
    //if (qr_code == 1)
    //  LCD_Show_Image(0,0,240,239,gImage_Huawei_IoT_QR_Code);
    //else
    //{
        POINT_COLOR = RED;
        //LCD_ShowString(40, 10, 200, 16, 24, "Bossay IoTBox");
        LCD_Show_Image(0,0,240,93,gImage_Bossaylogo);
        LCD_ShowString(15, 130, 210, 16, 24, "BS_SC Demo");
        LCD_ShowString(10, 160, 200, 16, 16, "NCDP_IP:");
        LCD_ShowString(80, 160, 200, 16, 16, cn_app_server);
        LCD_ShowString(10, 190, 200, 16, 16, "NCDP_PORT:");
```

```
                LCD_ShowString(100, 190, 200, 16, 16, cn_app_port);
    //}
}
//use this function to push all the message to the buffer
static int app_msg_deal(void *usr_data, en_oc_lwm2m_msg_t type, void *data, int len)
{
    unsigned char *msg;
    msg = data;
    int ret = -1;
    if(len <= cn_app_rcv_buf_len)
    {
        if (msg[0] == 0xaa && msg[1] == 0xaa)
        {
            printf("OC respond message received! \n\r");
            return ret;
        }
        memcpy(s_rcv_buffer,msg,len);
        s_rcv_datalen = len;
        osal_semp_post(s_rcv_sync);
        ret = 0;
    }
    return ret;
}
static int app_cmd_task_entry()
{
    int ret = -1;
    app_led_cmd_t *led_cmd;
    app_cmdreply_t replymsg;
    int8_t msgid;
    while(1)
    {
        if(osal_semp_pend(s_rcv_sync,cn_osal_timeout_forever))
        {
            msgid = s_rcv_buffer[0] & 0x000000FF;
            switch (msgid)
            {
                case cn_app_ledcmd:
                    led_cmd = (app_led_cmd_t *)s_rcv_buffer;
                    printf("LEDCMD:msgid:%d mid:%d msg:%s \n\r",led_cmd->msgid,ntohs(le
d_cmd->mid),led_cmd->led);
                    //add command action--TODO
                    if (led_cmd->led[0] == 'O' && led_cmd->led[1] == 'N')
                    {
                        if (toggle != 1)
                        {
                            toggle = 1;
                            key2 = true;
                        }
                        HAL_GPIO_WritePin(LIGHT_GPIO_Port,LIGHT_Pin,GPIO_PIN_SET);
                        //if you need response message.do it here--TODO
                        replymsg.msgid = cn_app_cmdreply;
                        replymsg.mid = led_cmd->mid;
```

```
                        printf("reply mid is %d. \n\r",ntohs(replymsg.mid));
                        replymsg.errorcode = 0;
                        replymsg.curstats[0] = 'O';
                        replymsg.curstats[1] = 'N';
                        replymsg.curstats[2] = ' ';
                        oc_lwm2m_report((char *)&replymsg,sizeof(replymsg),1000);    //
/< report cmd reply message
                    }
                    else if (led_cmd->led[0] == 'O' && led_cmd->led[1] == 'F' && led_cm
d->led[2] == 'F')
                    {
                        if (toggle != 0)
                        {
                            toggle = 0;
                            key2 = true;
                        }
                        HAL_GPIO_WritePin(LIGHT_GPIO_Port,LIGHT_Pin,GPIO_PIN_RESET);
                        //if you need response message,do it here--TODO
                        replymsg.msgid = cn_app_cmdreply;
                        replymsg.mid = led_cmd->mid;
                        printf("reply mid is %d. \n\r",ntohs(replymsg.mid));
                        replymsg.errorcode = 0;
                        replymsg.curstats[0] = 'O';
                        replymsg.curstats[1] = 'F';
                        replymsg.curstats[2] = 'F';
                        oc_lwm2m_report((char *)&replymsg,sizeof(replymsg),1000);///<report
cmd reply message
                    }
                    else
                        break;
                default:
                    break;
            }
        }
    }
    return ret;
}
static void get_netstats()
{
    ue_stats = boudica150_check_nuestats();
    if (ue_stats[0] < -10) ue_stats[0] = ue_stats[0] / 10;
    if (ue_stats[2] > 10) ue_stats[2] = ue_stats[2] / 10;
}
static int app_report_task_entry()
{
    int ret = -1;
    oc_config_param_t      oc_param;
    app_light_intensity_t  light;
    app_connectivity_t     connectivity;
    app_toggle_t           light_status;
    memset(&oc_param,0,sizeof(oc_param));
    oc_param.app_server.address = cn_app_server;
    oc_param.app_server.port = cn_app_port;
    oc_param.app_server.ep_id = cn_endpoint_id;
```

```
    oc_param.boot_mode = en_oc_boot_strap_mode_factory;
    oc_param.rcv_func = app_msg_deal;
    ret = oc_lwm2m_config(&oc_param);
    if (0 != ret)
    {
        return ret;
    }

        install a dealer for the led message received
        while(1)  //--TODO,you could add your own code here
        {
            if (key1 == 1)
            {
                key1 = 0;
                connectivity.msgid = cn_app_connectivity;
                get_netstats();
                connectivity.rsrp = htons(ue_stats[0] & 0x0000FFFF);
                connectivity.ecl = htons(ue_stats[1] & 0x0000FFFF);
                connectivity.snr = htons(ue_stats[2] & 0x0000FFFF);
                connectivity.cellid = htonl(ue_stats[3]);
                oc_lwm2m_report((char *)&connectivity,sizeof(connectivity),1000);     //
/< report ue status message
            }
            if (key2 == 1)
            {
                key2 = 0;
                light_status.msgid = cn_app_lightstats;
                light_status.tog = htons(toggle);
                oc_lwm2m_report((char *)&light_status,sizeof(light_status),1000);     //
/< report toggle message
            }
            light.msgid = cn_app_light;
            light.intensity = htons((int)IoTBox_Lux_Data.Lux);
            oc_lwm2m_report((char *)&light,sizeof(light),1000); ///< report the light m
essage
            osal_task_sleep(2*1000);
    }
    return ret;
}
static int app_collect_task_entry()
{
    Init_BS_SC_DEMO();
    while (1)
    {
        IoTBox_Lux_Read_Data();
        printf("\r\n*****************************BH1750 Value is  %d\r\n",(int)IoTBox_
Lux_Data.Lux);
        if (qr_code == 0)
        {
            LCD_ShowString(10, 220, 200, 16, 16, "BH1750 Value is:");
            LCD_ShowNum(140, 220, (int)IoTBox_Lux_Data.Lux, 5, 16);
        }
        osal_task_sleep(2*1000);
    }
    return 0;
```

```
}
#include <stimer.h>

int standard_app_demo_main()
{
    osal_semp_create(&s_rcv_sync,1,0);
    osal_task_create("app_collect",app_collect_task_entry,NULL,0x400,NULL,3);
    osal_task_create("app_report",app_report_task_entry,NULL,0x1000,NULL,2);
    osal_task_create("app_command",app_cmd_task_entry,NULL,0x1000,NULL,3);
    osal_int_connect(KEY1_EXTI_IRQn, 2,0,Key1_IRQHandler,NULL);
    osal_int_connect(KEY2_EXTI_IRQn, 3,0,Key2_IRQHandler,NULL);
    stimer_create("lcdtimer",timer1_callback,NULL,8*1000,cn_stimer_flag_start);
    return 0;
}
```

打开 mydemo.mk 文件，在文件中输入以下内容，将 lux_test_demo.c 文件添加到 Makefile 的编译树中。

```
#example for lux_test_demo
    ifeq ($(CONFIG_USER_DEMO), "lux_test_demo")
        user_demo_src  = ${wildcard $(TOP_DIR)/targets/STM32L431VCT6_Bossay/Demos/lux_t
est_demo.c}
    endif
```

打开.config 文件，将 CONFIG_USER_DEMO 设置为"lux_test_demo"。

打开 iot_config.h 文件，设置宏定义#define CONFIG_USER_DEMO " lux_test_demo "。

最后，单击"重新编译"按钮，重新编译代码，将生成的二进制程序刻录到开发板中。

（1）通过串口调试助手获取 NB-IoT 设备的 IMEI 号（见图 7-5-29）：打开串口调试助手，选择串口端口号，波特率选择"9600"，将开发板运行模式设置为 AT-PC 模式；打开串口，在"Send Command"按钮左侧文本框中输入"AT+CGSN=1"，查询设备的 IMEI 号（勾选"Send With Enter"复选框），之后注册真实设备就采用这个通信模块唯一的串口端口号。

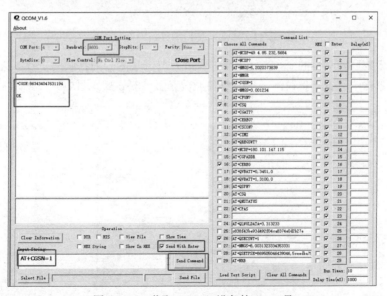

图 7-5-29　获取 NB-IoT 设备的 IMEI 号

（2）在华为云的物联网平台上添加真实设备：在华为云的物联网平台上依次选择"产品"→

"创建的产品"→"在线调试"选项，单击"增加设备"按钮，将从串口调试助手中得到的串口端口号复制到设备标识码上，并设置设备名称，新增测试设备（一）如图 7-5-30 所示。

（3）基于 NB-IoT 的智慧路灯实验，在博赛智能物联开发实训箱中进行实验，图 7-5-31 所示为本实验使用的终端硬件（一）。其中，编号 1 是 USB 接口，编号 2 是光敏传感器与小灯，编号 3 是 MCU 复位按钮，编号 4 是 NB-IoT 通信模组，编号 5 是 AT 指令输入源的切换开关。

图 7-5-30　新增测试设备（一）

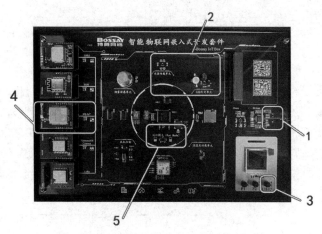

图 7-5-31　本实验使用的终端硬件（一）

（4）华为云物联网平台的命令发送及设备接收：打开华为云的物联网平台，选择"新添加的设备"选项，单击"调试"按钮，得到的设备调试界面（部分）如图 7-5-32 所示。

图 7-5-32　设备调试界面（部分）

将开发板运行模式设置为 AT-MCU 模式，在线调试界面会显示数据上报的光照强度数据，光照强度数据上报调试如图 7-5-33 所示。

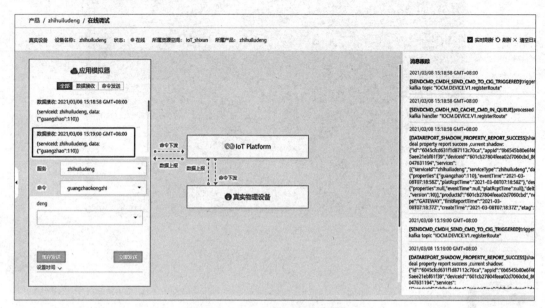

图 7-5-33　光照强度数据上报调试

将命令设置为 "City_Control_Light"，将 Light 设置为 "ON"，如图 7-5-34 所示，单击 "立即发送" 按钮，下发开灯命令。

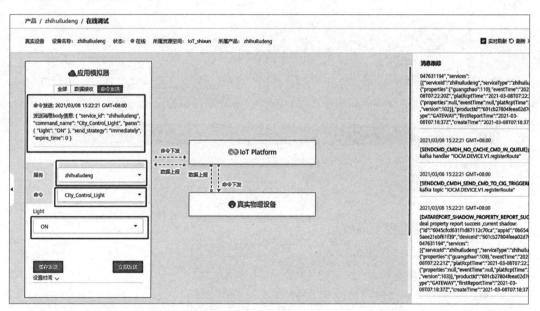

图 7-5-34　下发开灯命令

可以看到博赛智能物联开发实训箱上的 LED 灯亮了，将 Light 设置为 "OFF"，则 LED 灯熄灭，开灯命令效果如图 7-5-35 所示。

（5）规则引擎设置：在华为云的物联网平台上，选择 "规则" → "设备联动" 选项，添加智慧路灯规则引擎，设备联动界面（部分）如图 7-5-36 所示。

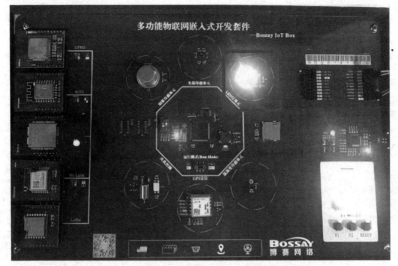

图 7-5-35　开灯命令效果

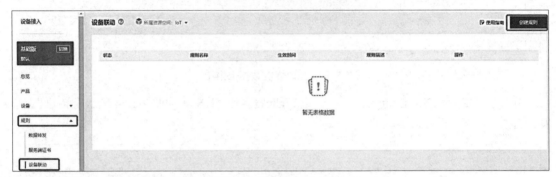

图 7-5-36　设备联动界面（部分）

在选择好对应的资源空间后，单击"创建规则"按钮，首先设置规则名称、生效时间等基本信息，然后设置下方的触发条件和执行动作。新建设备联动规则界面（部分）如图 7-5-37 所示。

图 7-5-37　新建设备联动规则界面（部分）

设置触发条件，如选择"匹配设备触发"，当智慧路灯案例中的光照强度数据大于预置参数 1000 时，在"执行动作"下方设置下发命令，指定下发设备进行关灯操作。同理，可以设置当光照强度数据小于某固定值时，指定下发设备进行开灯操作。规则设置如图 7-5-38 所示。

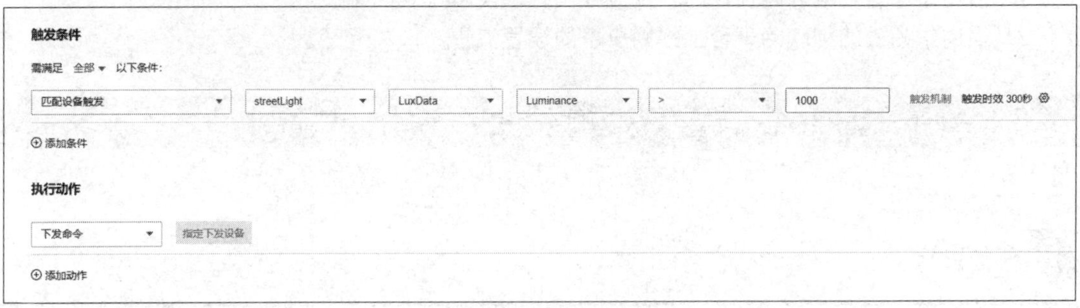

图 7-5-38　规则设置

（6）实验验证：首先，遮挡控制设备，当光照强度传感器采集的光照强度数据小于设定值时，通过 NB-IoT 将数据上传至平台，平台将数据与规则匹配，匹配到 Light-ON 规则，则向设备发送 LED 灯开灯指令，LED 灯亮起；然后，不遮挡控制设备，当光照强度传感器采集的光照强度数据大于设定值时，通过 NB-IoT 将数据上传至平台，平台将数据与规则匹配，匹配到 Light-OFF 规则，则向设备发送 LED 灯关灯指令，LED 灯熄灭。

任务实施

1．让学生观看课前预习视频，每位学生提出 3 个问题并回答 3 个问题，积极思考，加强线上互动。

2．通过让学生查阅资料来了解智慧路灯的基础知识，分组展示资料收集成果，学习华为精神，实现课程育人目标。

3．让学生查阅资料，了解光照强度传感器获取数据的方法。

任务评价

任务点	考核点		
	初级	中级	高级
基于 NB-IoT 的智慧路灯仿真控制	（1）熟悉通过华为云的物联网平台创建智慧路灯产品和设置编解码插件的方法。（2）熟悉光照强度传感器获取数据的方法。（3）熟悉华为云的物联网平台设备的联动方法	（1）掌握通过华为云的物联网平台创建智慧路灯产品和设置编解码插件的方法。（2）掌握光照强度传感器获取数据的方法。（3）掌握华为云的物联网平台设备的联动方法	（1）精通通过华为云的物联网平台创建智慧路灯产品和设置编解码插件的方法。（2）精通光照强度传感器获取数据的方法。（3）精通华为云的物联网平台设备的联动方法

任务小结

学生通过对本节的学习，能够掌握通过华为云的物联网平台创建智慧路灯产品和设置编解码插件的方法，掌握光照强度传感器获取数据的方法，掌握华为云的物联网平台设备的联动方法。

思考与练习

1．描述命令下发编解码插件的开发流程及各字段所代表的意义。
2．描述华为云的物联网平台上规则引擎的设置流程。

7.6 基于 NB-IoT 的智慧烟雾报警系统仿真控制

任务目标

知识目标	（1）掌握通过华为云的物联网平台创建智慧烟雾报警系统产品和开发编解码插件的方法。 （2）掌握模数转换的基本原理和蜂鸣器驱动程序的编写方法。 （3）掌握华为云的物联网平台设备的联动方法
技能目标	（1）能够使用 NB-IoT 将烟雾数据上报到华为云的物联网平台上。 （2）能够熟练使用华为云的物联网平台和 LiteOS Studio 工具
素质目标	通过自主查阅资料，了解基于 NB-IoT 的智慧烟雾报警系统仿真控制方法，提高辩证唯物主义的思维能力
思政目标	学习华为精神，坚定科技强国、技能强身的学习信念
重难点	模数转换的基本原理和代码编写知识
学习方法	自主查阅、类比学习、头脑风暴

情境导入

　　智慧烟感是"智慧消防"这个概念的重要部分，是指将物联网技术运用到消防预警中。与传统消防相比，智慧消防是利用物联网、大数据、AI 等技术使消防变得自动、智能、系统、精细，其"智慧"之处主要体现在智慧防控、智慧管理、智慧作战、智慧指挥四个方面。

任务资讯

　　本节主要以智慧消防中的智慧烟雾报警系统为例，依托华为云的物联网平台完成了物联网平台端产品模型的开发，并基于博赛智能物联开发实训箱完成了华为轻量级物联网操作系统 LiteOS 端的集成，最后进行了端云互通调测，实现了华为云的物联网平台对智慧烟感环境参数的监控、预警和远程自动化控制。

　　（1）创建资源空间及产品。

　　在物联网平台主界面选择"资源空间"选项，资源空间的创建应注意命名规则。创建资源空间后，选择"产品"选项。在产品创建界面（部分二）（见图 7-6-1）单击"创建产品"按钮。

　　创建产品信息（二）如图 7-6-2 所示，在"所属资源空间"的下拉列表中选择"IoT_training"选项，将产品名称设置为"wisdom_smoke"，协议类型选择"LwM2M/CoAP"，数据格式选择"二进制码流"，将厂商名称设置为"ibossay"，将设备类型设置为"wisdom_smoke"。

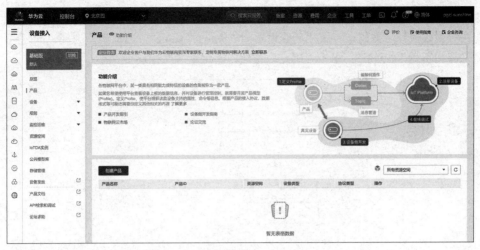

图 7-6-1　产品创建界面（部分）（二）

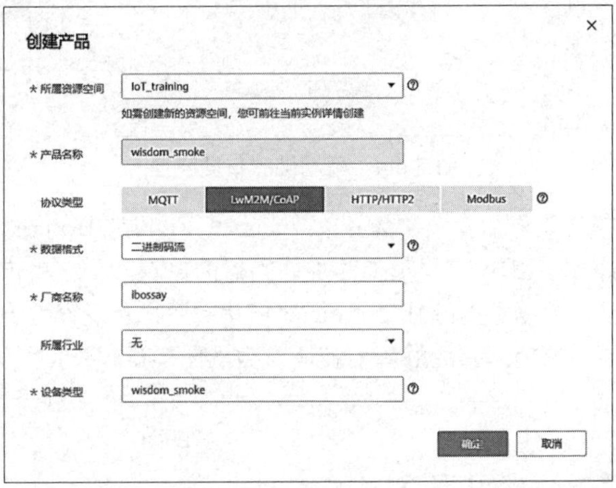

图 7-6-2　创建产品信息（二）

单击"确定"按钮，提示"创建产品成功"，再次单击"确定"按钮。这样就完成了资源空间及产品的创建。

（2）定义产品服务模型。

选择之前创建的产品，打开产品编辑界面，单击"添加服务"按钮，弹出"添加服务"对话框，添加智慧烟感服务，如图 7-6-3 所示。

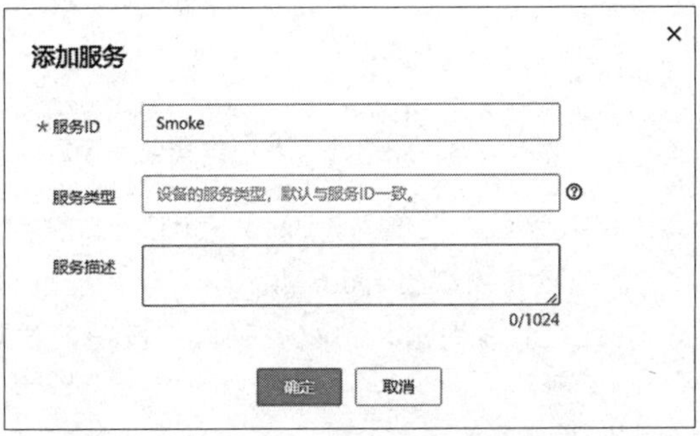

图 7-6-3　添加智慧烟感服务

选择服务名称"Smoke"选项，展开属性和命令。

单击"新增属性"按钮，将属性名称设置为"Smoke_Value"，数据类型选择"int(整型)"，访问权限选择"可读""可写"，单击"确定"按钮。新增烟感数据属性如图 7-6-4 所示。

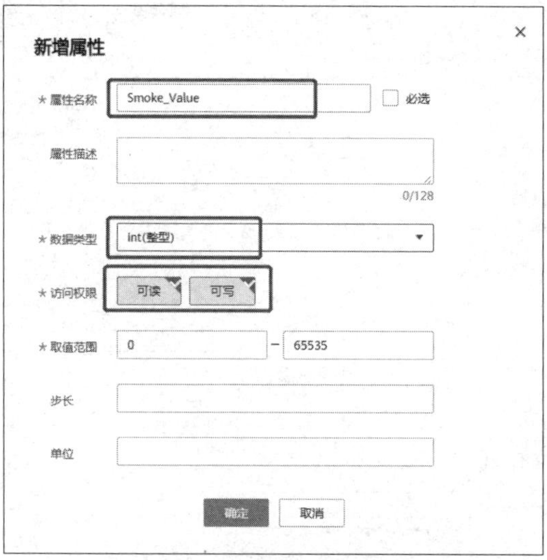

图 7-6-4　新增烟感数据属性

单击"添加命令"按钮，将命令名称设置为"Smoke_Control_Beep"，这里通过实训箱板载的蜂鸣器来模拟报警时的警铃，因此这里需要添加蜂鸣器的控制命令。单击"新增参数"按钮，将参数名称设置为"Beep"，数据类型选择"string(字符串)"，将长度设置为"3"，将枚举值设置为"ON,OFF"，单击"确定"按钮。新增蜂鸣器控制参数如图 7-6-5 所示。

图 7-6-5　新增蜂鸣器控制参数

单击"新增参数"按钮，将参数名称设置为"Beep_State"，数据类型选择"int(整型)"，单击"确定"按钮。新增蜂鸣器状态响应参数如图 7-6-6 所示。

新增"Smoke_Control_Beep"命令完成，单击"确认"按钮，智慧烟感服务添加完毕，如图 7-6-7 所示。

（3）编解码插件开发。

选择"插件开发"→"图形化开发"选项，单击下方的"图形化开发"按钮，再单击"新增消息"按钮，将消息名设置为"Smoke"，消息类型选择"数据上报"，单击"添加字段"按钮。新增数据上报消息界面如图 7-6-8 所示。

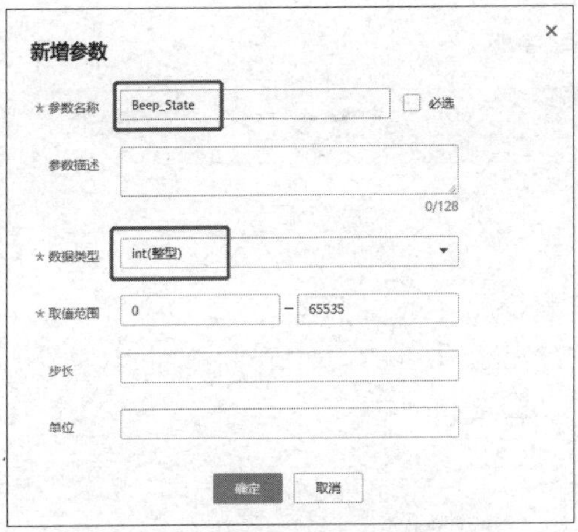

图 7-6-6　新增蜂鸣器状态响应参数

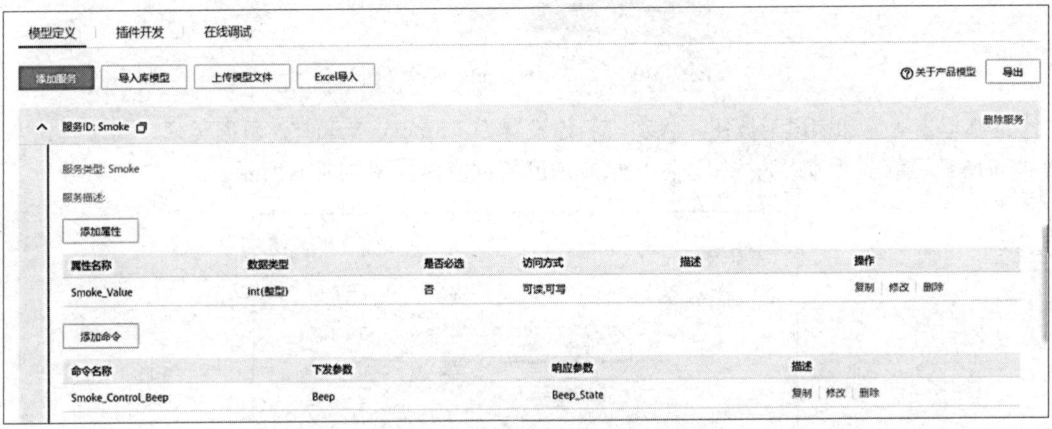

图 7-6-7　智慧烟感服务添加完毕

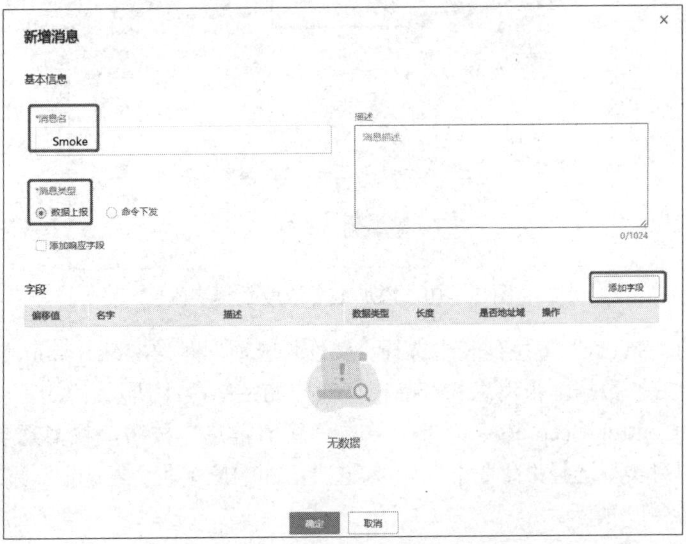

图 7-6-8　新增数据上报消息界面

　　勾选"标记为地址域"复选框，其他默认，单击"确认"按钮。添加 messageId 字段（四）如图 7-6-9 所示。

图 7-6-9　添加 messageId 字段（四）

　　继续单击"添加字段"按钮，将字段名称设置为"Smoke_Value"，数据类型（大端模式）选择"int16u"，单击"确认"按钮。添加烟雾浓度数据字段如图 7-6-10 所示。

图 7-6-10　添加烟雾浓度数据字段

　　在产品模型的"Smoke"下拉列表中选择"属性"选项，将"Smoke_Value"属性拖动到左侧，与消息中的字段对应。数据上报消息和产品模型对应如图 7-6-11 所示。

　　新增 Smoke_Control_Beep 命令消息：单击"新增消息"按钮，将消息名设置为"Smoke_Control_Beep"，消息类型选择"命令下发"，勾选"添加响应字段"复选框。添加命令下发字段界面（部分）如图 7-6-12 所示。

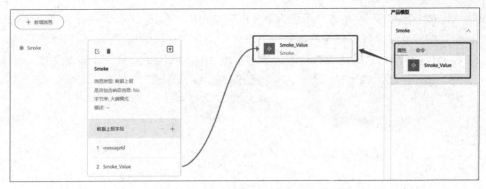

图 7-6-11　数据上报消息和产品模型对应

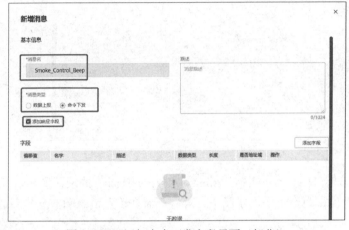

图 7-6-12　添加命令下发字段界面（部分）

单击"添加字段"按钮，勾选"标记为地址域"复选框，单击"确认"按钮；继续添加字段，勾选"标记为响应标识字段"复选框，其他默认，单击"确认"按钮；继续添加字段，根据设计思路，将字段名称设置为"Beep"，数据类型（大端模式）选择"string"，将长度设置为"3"，单击"确认"按钮。添加蜂鸣器命令下发字段如图 7-6-13 所示。

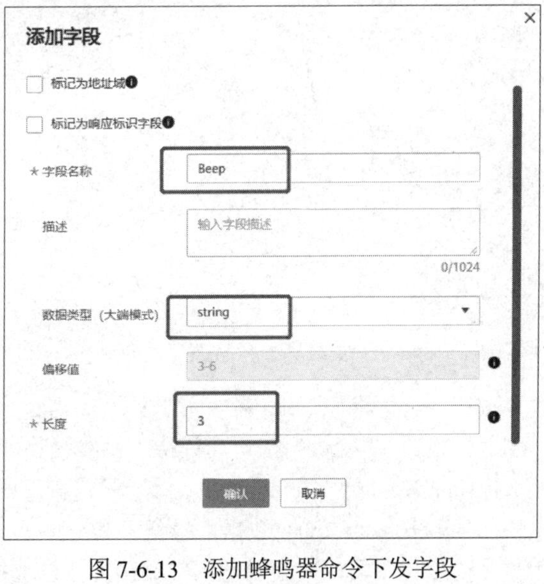

图 7-6-13　添加蜂鸣器命令下发字段

单击"添加响应字段",勾选"标记为地址域"复选框,单击"确认"按钮;继续添加字段,勾选"标记为响应标识字段"复选框,单击"确认"按钮;继续添加字段,勾选"标记为命令执行状态字段"复选框,单击"确认"按钮;继续添加字段,根据设计思路,输入字段名称"Beep_State",单击"确认"按钮。添加蜂鸣器状态响应字段如图 7-6-14 所示。

图 7-6-14 添加蜂鸣器状态响应字段

依次选择"Smoke"→"命令"→"Smoke_Control_Beep"选项,将 Beep 和 Beep_State 两个字段逐个拖动到左侧,与消息中的字段一一对应。命令下发消息和产品模型命令对应(二)如图 7-6-15 所示。

图 7-6-15 命令下发消息和产品模型命令对应(二)

单击右上角的"保存"按钮,智慧烟感 Beep 命令消息新增成功。

依次单击右上角的"部署"按钮、"确认"按钮,等待"在线插件部署成功"的提示。

智慧烟雾报警系统函数:standard_app_demo_main(),该函数为 main 函数,涉及 app_collect_task_entry 数据采集任务、app_report_task_entry 数据上报任务和 app_cmd_task_entry 命令响应任务。数据采集任务是调用烟雾浓度传感器,采集烟雾浓度数据;数据上报任务是将采集到的数据上报给华为云的物联网平台；命令响应任务是根据物联网平台下发的命令，进行对应的操作并予以响应。

　　烟雾浓度传感器可以使用简单的电路，将检测获得的烟雾浓度数据转换为与烟雾浓度对应的输出信号，这个过程被称为模数转换器（Analog-to-Digital Converter，ADC）。利用 ADC，可以将连续变化的模拟信号转换为离散的数字信号，使用数字电路对其进行处理，即数字信号处理。

　　STM32L431xx 系列的烟雾浓度传感器有 1 个 ADC，ADC 分辨率高达 12bit，每个 ADC 具有多达 20 个的采集通道，这些通道的模数转换可以以单次、连续、扫描或间断模式执行。ADC 的结果可以以左对齐或右对齐方式存储在 16bit 的数据寄存器中。

　　当 STM32L431xx 系列的烟雾浓度传感器的 ADC 的转换速率为 5.33MHz，即转换时间为 0.188μs（分辨率为 12bit）时，ADC 的转换时间与高级高性能总线（AHB）时钟频率无关。

　　添加 ADC 配置代码：烟雾浓度传感器通过 ADC 将烟雾浓度的模拟值转换为数字值，因此需要添加 adc1 的配置文件。

　　在 targets/STM32L431VCT6_Bossay/Inc/ 路径下添加 adc.h 的文件，添加如下代码。

```
#ifndef __adc_H
#define __adc_H
#ifdef __cplusplus
  extern "C" {
#endif
/* Includes ------------------------------------------------------------------
*/
#include "main.h"
/* USER CODE BEGIN Includes */
/* USER CODE END Includes */
extern ADC_HandleTypeDef hadc1;
/* USER CODE BEGIN Private defines */
/* USER CODE END Private defines */
void MX_ADC1_Init(void);
/* USER CODE BEGIN Prototypes */
/* USER CODE END Prototypes */
#ifdef __cplusplus
}
#endif
#endif /*__ adc_H */
```

　　在 targets/STM32L431VCT6_Bossay/Src/ 路径下添加 adc.c 的文件，添加如下代码。

```
#include "adc.h"
/* USER CODE BEGIN 0 */
/* USER CODE END 0 */
ADC_HandleTypeDef hadc1;
/* ADC1 init function */
void MX_ADC1_Init(void)
{
   ADC_ChannelConfTypeDef sConfig = {0};
   /** Common config
   */
   hadc1.Instance = ADC1;
   hadc1.Init.ClockPrescaler = ADC_CLOCK_ASYNC_DIV1;
   hadc1.Init.Resolution = ADC_RESOLUTION_12B;
   hadc1.Init.DataAlign = ADC_DATAALIGN_RIGHT;
```

```
    hadc1.Init.ScanConvMode = ADC_SCAN_DISABLE;
    hadc1.Init.EOCSelection = ADC_EOC_SINGLE_CONV;
    hadc1.Init.LowPowerAutoWait = DISABLE;
    hadc1.Init.ContinuousConvMode = DISABLE;
    hadc1.Init.NbrOfConversion = 1;
    hadc1.Init.DiscontinuousConvMode = DISABLE;
    hadc1.Init.ExternalTrigConv = ADC_SOFTWARE_START;
    hadc1.Init.ExternalTrigConvEdge = ADC_EXTERNALTRIGCONVEDGE_NONE;
    hadc1.Init.DMAContinuousRequests = DISABLE;
    hadc1.Init.Overrun = ADC_OVR_DATA_PRESERVED;
    hadc1.Init.OversamplingMode = DISABLE;
    if (HAL_ADC_Init(&hadc1) != HAL_OK)
    {
        Error_Handler();
    }
    /** Configure Regular Channel
    */
    sConfig.Channel = ADC_CHANNEL_4;
    sConfig.Rank = ADC_REGULAR_RANK_1;
    sConfig.SamplingTime = ADC_SAMPLETIME_2CYCLES_5;
    sConfig.SingleDiff = ADC_SINGLE_ENDED;
    sConfig.OffsetNumber = ADC_OFFSET_NONE;
    sConfig.Offset = 0;
    if (HAL_ADC_ConfigChannel(&hadc1, &sConfig) != HAL_OK)
    {
        Error_Handler();
    }
}
void HAL_ADC_MspInit(ADC_HandleTypeDef* adcHandle)
{
    GPIO_InitTypeDef GPIO_InitStruct = {0};
    if(adcHandle->Instance==ADC1)
    {
    /* USER CODE BEGIN ADC1_MspInit 0 */
    /* USER CODE END ADC1_MspInit 0 */
        /* ADC1 clock enable */
        __HAL_RCC_ADC_CLK_ENABLE();
        __HAL_RCC_GPIOC_CLK_ENABLE();
        __HAL_RCC_GPIOA_CLK_ENABLE();
        /**ADC1 GPIO Configuration
        PC3      ------> ADC1_IN4
        PA6      ------> ADC1_IN11
        */
        GPIO_InitStruct.Pin = RSRV_ADC_OUT_Pin;
        GPIO_InitStruct.Mode = GPIO_MODE_ANALOG_ADC_CONTROL;
        GPIO_InitStruct.Pull = GPIO_NOPULL;
        HAL_GPIO_Init(RSRV_ADC_OUT_GPIO_Port, &GPIO_InitStruct);
        GPIO_InitStruct.Pin = MQ_ADC_Pin;
        GPIO_InitStruct.Mode = GPIO_MODE_ANALOG_ADC_CONTROL;
        GPIO_InitStruct.Pull = GPIO_NOPULL;
        HAL_GPIO_Init(MQ_ADC_GPIO_Port, &GPIO_InitStruct);
    /* USER CODE BEGIN ADC1_MspInit 1 */
```

```
    /* USER CODE END ADC1_MspInit 1 */
    }
}
void HAL_ADC_MspDeInit(ADC_HandleTypeDef* adcHandle)
{

    if(adcHandle->Instance==ADC1)
    {
    /* USER CODE BEGIN ADC1_MspDeInit 0 */
    /* USER CODE END ADC1_MspDeInit 0 */
        /* Peripheral clock disable */
        __HAL_RCC_ADC_CLK_DISABLE();
        /**ADC1 GPIO Configuration
        PC3        ------> ADC1_IN4
        PA6        ------> ADC1_IN11
        */
        HAL_GPIO_DeInit(RSRV_ADC_OUT_GPIO_Port, RSRV_ADC_OUT_Pin);
        HAL_GPIO_DeInit(MQ_ADC_GPIO_Port, MQ_ADC_Pin);
    /* USER CODE BEGIN ADC1_MspDeInit 1 */
    /* USER CODE END ADC1_MspDeInit 1 */
    }
}
```

接下来需要添加烟雾浓度传感器的驱动程序文件，在 targets/STM32L431VCT6_Bossay/Inc/路径下添加 SmokeSensor.h 的文件，添加如下代码。

```
#ifndef __SmokeSensor_H__
#define __SmokeSensor_H__
/* 包含头文件 -------------------------------------------------------*/
#include "stm32l4xx_hal.h"
/*烟雾传感器数据类型定义 --------------------------------------------------*/
typedef struct
{
    int Smoke_Value;
} IoTBox_Smoke_Data_TypeDef;
extern IoTBox_Smoke_Data_TypeDef IoTBox_Smoke_Data;
extern ADC_HandleTypeDef hadc1;
void IoTBox_Smoke_Read_Data(void);
extern IoTBox_Smoke_Data_TypeDef IoTBox_Smoke_Data;
extern ADC_HandleTypeDef hadc1;
void IoTBox_Smoke_Read_Data(void);
#endif
```

在 targets/STM32L431VCT6_Bossay/Src/路径下添加 SmokeSensor.c 的文件，添加如下代码。

```
#include "SmokeSensor.h"
#include "stm32l4xx.h"
#include "stm32l4xx_it.h"
#include "gpio.h"
ADC_HandleTypeDef hadc1;
/**************************************************************
* 函数名称：MX_ADC1_Init
* 说    明：初始化 ADC1 电压采集通道
* 参    数：无
* 返 回 值：无
**************************************************************/
```

```
void MX_ADC1_Init(void)
{
    ADC_ChannelConfTypeDef sConfig;
        /**Common config
        */
    hadc1.Instance = ADC1;
    hadc1.Init.ClockPrescaler = ADC_CLOCK_ASYNC_DIV1;
    hadc1.Init.Resolution = ADC_RESOLUTION_12B;
    hadc1.Init.DataAlign = ADC_DATAALIGN_RIGHT;
    hadc1.Init.ScanConvMode = ADC_SCAN_DISABLE;
    hadc1.Init.EOCSelection = ADC_EOC_SINGLE_CONV;
    hadc1.Init.LowPowerAutoWait = DISABLE;
    hadc1.Init.ContinuousConvMode = DISABLE;
    hadc1.Init.NbrOfConversion = 1;
    hadc1.Init.DiscontinuousConvMode = DISABLE;
    hadc1.Init.NbrOfDiscConversion = 1;
    hadc1.Init.ExternalTrigConv = ADC_SOFTWARE_START;
    hadc1.Init.ExternalTrigConvEdge = ADC_EXTERNALTRIGCONVEDGE_NONE;
    hadc1.Init.DMAContinuousRequests = DISABLE;
    hadc1.Init.Overrun = ADC_OVR_DATA_PRESERVED;
    hadc1.Init.OversamplingMode = DISABLE;
    if (HAL_ADC_Init(&hadc1) != HAL_OK)
    {
        _Error_Handler(__FILE__, __LINE__);
    }
        /**Configure Regular Channel
        */
    sConfig.Channel = ADC_CHANNEL_3;
    sConfig.Rank = ADC_REGULAR_RANK_1;
    sConfig.SamplingTime = ADC_SAMPLETIME_2CYCLES_5;
    sConfig.SingleDiff = ADC_SINGLE_ENDED;
    sConfig.OffsetNumber = ADC_OFFSET_NONE;
    sConfig.Offset = 0;
    if (HAL_ADC_ConfigChannel(&hadc1, &sConfig) != HAL_OK)
    {
        _Error_Handler(__FILE__, __LINE__);
    }
}
/****************************************************************
* 函数名称: HAL_ADC_MspInit
* 说    明: 使能 ADC 时钟, 设置时钟源
* 参    数: 无
* 返 回 值: 无
****************************************************************/
void HAL_ADC_MspInit(ADC_HandleTypeDef* adcHandle)
{
    GPIO_InitTypeDef GPIO_InitStruct;
    if(adcHandle->Instance==ADC1)
    {
    /* USER CODE BEGIN ADC1_MspInit 0 */
    /* USER CODE END ADC1_MspInit 0 */
        /* ADC1 clock enable */
```

```
        __HAL_RCC_ADC_CLK_ENABLE();
        /**ADC1 GPIO Configuration
        PA6      ------> MQ_ADC
        */
        GPIO_InitStruct.Pin = GPIO_PIN_6;
        GPIO_InitStruct.Mode = GPIO_MODE_ANALOG_ADC_CONTROL;
        GPIO_InitStruct.Pull = GPIO_NOPULL;
        HAL_GPIO_Init(GPIOA, &GPIO_InitStruct);
    /*  USER CODE BEGIN ADC1_MspInit 1 */
    /*  USER CODE END ADC1_MspInit 1 */
    }
}
/******************************************************************
* 函数名称: IoTBox_Smoke_Read_Data
* 说    明: 获取烟雾传感器的数据
* 参    数: 无
* 返 回 值: 无
******************************************************************/
void IoTBox_Smoke_Read_Data(void)
{
    HAL_ADC_Start(&hadc1);
    HAL_ADC_PollForConversion(&hadc1, 50);
    IoTBox_Smoke_Data.Smoke_Value = HAL_ADC_GetValue(&hadc1);
}
```

添加蜂鸣器的驱动程序来模拟报警声音，在 targets/STM32L431VCT6_Bossay/Inc/路径下添加 BEEP.h 的文件，添加如下代码。

```
#ifndef __BEEP_H__
#define __BEEP_H__
/* 包含头文件 -------------------------------------------------------*/
#include "stm32l4xx_hal.h"
extern TIM_HandleTypeDef htim1;
/******************************************************************
* 名    称: GasStatus_ENUM
* 说    明: 枚举状态结构体
******************************************************************/
typedef enum
{
    OFF = 0,
    ON
}Actuators_Status_ENUM;
void Init_Beep(void);
void MX_TIM1_Init(void);
void HAL_TIM_MspPostInit(TIM_HandleTypeDef *htim);
void IoTBox_Beep_StatusSet(Actuators_Status_ENUM status);
#endif
```

在 targets/STM32L431VCT6_Bossay/Src/路径下添加 BEEP.c 的文件，添加如下代码。

```
#include "Actuators.h"
#include "stm32l4xx.h"
#include "stm32l4xx_hal.h"
#include "gpio.h"
#include <stdio.h>
TIM_HandleTypeDef htim1;
```

```
/*****************************************************************
* 函数名称: Init_Beep
* 说    明: 初始化 IoTBox 蜂鸣器
* 参    数: 无
* 返 回 值: 无
*****************************************************************/
void Init_Beep(void)
{
    GPIO_InitTypeDef GPIO_InitStruct;
    /* GPIO Ports Clock Enable */
    BEEP_GPIO_CLK_ENABLE();
        /*Configure GPIO pin Output Level */
    HAL_GPIO_WritePin(BEEP_GPIO_Port, BEEP_Pin, GPIO_PIN_RESET);
        /*Configure GPIO pin : PtPin */
    GPIO_InitStruct.Pin = BEEP_Pin;
    GPIO_InitStruct.Mode = GPIO_MODE_OUTPUT_PP;
    GPIO_InitStruct.Pull = GPIO_NOPULL;
    GPIO_InitStruct.Speed = GPIO_SPEED_FREQ_LOW;
    HAL_GPIO_Init(BEEP_GPIO_Port, &GPIO_InitStruct);
}
/*****************************************************************
* 函数名称: IoTBox_Beep_StatusSet
* 说    明: IoTBox 蜂鸣器报警与否
* 参    数: status,ENUM 枚举的数据
*                   OFF,蜂鸣器
*                   ON,开蜂鸣器
* 返 回 值: 无
*****************************************************************/
void IoTBox_Beep_StatusSet(Actuators_Status_ENUM status)
{
    if(status == ON)
        HAL_TIM_PWM_Start(&htim1,TIM_CHANNEL_1);
    if(status == OFF)
        HAL_TIM_PWM_Stop(&htim1,TIM_CHANNEL_1);
}
/*****************************************************************
* 函数名称: IoTBox_Beep_duration
* 说    明: IoTBox 蜂鸣器报警时间
* 参    数: duration 报警维持时间
* 返 回 值: 无
*****************************************************************/
void IoTBox_Beep_duration(int duration)
{
    printf("beep!!\r\n");
    printf("duration is %d!\r\n",duration);
    HAL_TIM_PWM_Start(&htim1,TIM_CHANNEL_1);
        printf("beep!!\r\n");
    HAL_Delay(duration);
    HAL_TIM_PWM_Stop(&htim1,TIM_CHANNEL_1);
}
```

创建程序文件：在 targets/STM32L431VCT6_Bossay/Demos/路径下创建名为 "smoke_test_demo.c" 的程序文件，分别添加 main 函数代码、数据采集任务代码、数据上报任务代码和命令响

应任务代码。

```c
#include <stdint.h>
#include <stddef.h>
#include <string.h>
#include <osal.h>
#include <oc_lwm2m_al.h>
#include <link_endian.h>
#include <boudica150_oc.h>
#include "DEMO.h"
#include "SmokeSensor.h"
#include "Actuators.h"
#include "lcd.h"
#include <gpio.h>
#include <stm32l4xx_it.h>
#define cn_endpoint_id          "SDK_LWM2M_NODTLS"
#define cn_app_server           "119.3.250.80"
#define cn_app_port             "5683"
typedef unsigned char int8u;
typedef char int8s;
typedef unsigned short int16u;
typedef short int16s;
typedef unsigned char int24u;
typedef char int24s;
typedef int int32s;
typedef char string;
typedef char array;
typedef char varstring;
typedef char variant;
#define cn_app_Smoke 0x8
#define cn_app_response_Smoke_Control_Beep 0xa
#define cn_app_Smoke_Control_Beep 0x9
#pragma pack(1)
typedef struct
{
    int8u messageId;
    int16u Smoke_Value;
} tag_app_Smoke;
typedef struct
{
    int8u messageId;
    int16u mid;
    int8u errcode;
    int8u Beep_State;
} tag_app_Response_Smoke_Control_Beep;
typedef struct
{
    int8u messageId;
    int16u mid;
    string Beep[3];
} tag_app_Smoke_Control_Beep;
#pragma pack()
//void *context;
```

```
int8_t qr_code = 1;
const unsigned char gImage_Huawei_IoT_QR_Code[114720];
const unsigned char gImage_Bossaylogo[45128];
IoTBox_Smoke_Data_TypeDef IoTBox_Smoke_Data;
//if your command is very fast,please use a queue here--TODO
#define cn_app_rcv_buf_len 128
static int             s_rcv_buffer[cn_app_rcv_buf_len];
static int             s_rcv_datalen;
static osal_semp_t     s_rcv_sync;
static void timer1_callback(void *arg)
{
    qr_code = !qr_code;
    LCD_Clear(WHITE);
    if (qr_code == 1)
        LCD_Show_Image(0,0,240,239,gImage_Huawei_IoT_QR_Code);
    else
    {
        POINT_COLOR = RED;
        LCD_Show_Image(0,0,240,93,gImage_Bossaylogo);
        //LCD_ShowString(40, 10, 200, 16, 24, "Bossay IoTBox!");
        LCD_ShowString(80, 130, 210, 16, 24, "BS_SF Demo");
        LCD_ShowString(10, 180, 200, 16, 16, "NCDP_IP:");
        LCD_ShowString(80, 180, 200, 16, 16, cn_app_server);
        // LCD_ShowString(10, 210, 200, 16, 16, "NCDP_PORT:");
        // LCD_ShowString(100, 210, 200, 16, 16, cn_app_port);
        LCD_ShowString(10, 210, 200, 16, 16, "Smoke_Value is:");
        LCD_ShowNum(140,220,(int)IoTBox_Smoke_Data.Smoke_Value,5,16);
    }
}
//use this function to push all the message to the buffer
static int app_msg_deal(void *usr_data, en_oc_lwm2m_msg_t type, void *data, int len)
{
    unsigned char *msg;
    msg = data;
    int ret = -1;
    if(len <= cn_app_rcv_buf_len)
    {
        if (msg[0] == 0xaa && msg[1] == 0xaa)
        {
            printf("OC respond message received! \n\r");
            return ret;
        }
        memcpy(s_rcv_buffer,msg,len);
        s_rcv_datalen = len;
        osal_semp_post(s_rcv_sync);
        ret = 0;
    }
    return ret;
}
static int app_cmd_task_entry()
{
    int ret = -1;
```

```
    tag_app_Response_Smoke_Control_Beep Response_Smoke_Control_Beep;
    tag_app_Smoke_Control_Beep *Smoke_Control_Beep;
    int8_t msgid;
    while(1)
    {
        if(osal_semp_pend(s_rcv_sync,cn_osal_timeout_forever))
        {
            msgid = s_rcv_buffer[0] & 0x000000FF;
            switch (msgid)
            {
                case cn_app_Smoke_Control_Beep:
                    Smoke_Control_Beep = (tag_app_Smoke_Control_Beep *)s_rcv_buffer;
                    printf("Smoke_Control_Beep:msgid:%d mid:%d", Smoke_Control_Beep->me
ssageId, ntohs(Smoke_Control_Beep->mid));
                    /********** code area for cmd from IoT cloud  **********/
                    if (Smoke_Control_Beep->Beep[0] == 'O' && Smoke_Control_Beep->Beep[
1] == 'N')
                    {
                        IoTBox_Beep_StatusSet(ON);
                        Response_Smoke_Control_Beep.messageId = cn_app_response_Smoke_C
ontrol_Beep;
                        Response_Smoke_Control_Beep.mid = Smoke_Control_Beep->mid;
                        Response_Smoke_Control_Beep.errcode = 0;
                        Response_Smoke_Control_Beep.Beep_State = 1;
                        oc_lwm2m_report((char *)&Response_Smoke_Control_Beep,sizeof(Res
ponse_Smoke_Control_Beep),1000);///<report cmd reply message
                    }///<report cmd reply message
                    if (Smoke_Control_Beep->Beep[0] == 'O' && Smoke_Control_Beep->Beep[
1] == 'F' && Smoke_Control_Beep->Beep[2] == 'F')
                    {
                        IoTBox_Beep_StatusSet(OFF);
                        Response_Smoke_Control_Beep.messageId = cn_app_response_Smoke_C
ontrol_Beep;
                        Response_Smoke_Control_Beep.mid = Smoke_Control_Beep->mid;
                        Response_Smoke_Control_Beep.errcode = 0;
                        Response_Smoke_Control_Beep.Beep_State = 0;
                        oc_lwm2m_report((char *)&Response_Smoke_Control_Beep,sizeof(Res
ponse_Smoke_Control_Beep),1000);
                    }
                    /********** code area end  **********/
                    break;
                default:
                    break;
            }
        }
    }
    return ret;
}
static int app_report_task_entry()
{
    int ret = -1;
    oc_config_param_t       oc_param;
```

```
        tag_app_Smoke Smoke;
    memset(&oc_param,0,sizeof(oc_param));
    oc_param.app_server.address = cn_app_server;
    oc_param.app_server.port = cn_app_port;
    oc_param.app_server.ep_id = cn_endpoint_id;
    oc_param.boot_mode = en_oc_boot_strap_mode_factory;
    oc_param.rcv_func = app_msg_deal;
    ret = oc_lwm2m_config(&oc_param);
    if (0 != ret)
    {
        return ret;
    }

        //install a dealer for the led message received
        while(1) //--TODO,you could add your own code here
        {
            Smoke.messageId = cn_app_Smoke;
            Smoke.Smoke_Value = htons((int)IoTBox_Smoke_Data.Smoke_Value);
            oc_lwm2m_report( (char *)&Smoke, sizeof(Smoke), 1000);
            osal_task_sleep(2*1000);
        }
    return ret;
}
static int app_collect_task_entry()
{
    Init_BS_SF_DEMO();
    while (1)
    {
        IoTBox_Smoke_Read_Data();
        printf("\r\n*****************************Smoke Value is  %d\r\n", (int)IoTBox_
Smoke_Data.Smoke_Value);
        if (qr_code == 0)
        {
            // LCD_ShowString(10, 200, 200, 16, 16, "");
            // LCD_ShowNum(140, 200, lux, 5, 16);
        }
        osal_task_sleep(2*1000);
    }
    return 0;
}
#include <stimer.h>

int standard_app_demo_main()
{
    osal_semp_create(&s_rcv_sync,1,0);
    osal_task_create("app_collect",app_collect_task_entry,NULL,0x400,NULL,3);
    osal_task_create("app_report",app_report_task_entry,NULL,0x1000,NULL,2);
    osal_task_create("app_command",app_cmd_task_entry,NULL,0x1000,NULL,3);
    stimer_create("lcdtimer",timer1_callback,NULL,8*1000,cn_stimer_flag_start);
    return 0;
}
```

打开 mydemo.mk 文件，在文件中输入以下内容，将 smoke_test_demo.c 文件添加到 Makefile

的编译树中，代码如下。

```
#example for smoke_test_demo
    ifeq ($(CONFIG_USER_DEMO), "smoke_test_demo")
        user_demo_src = ${wildcard $(TOP_DIR)/targets/STM32L431VCT6_Bossay/Demos/smoke
_test_demo.c}
    endif
```

打开.config 文件，将 CONFIG_USER_DEMO 设置为 "smoke_test_demo"。

打开 iot_config.h 文件，设置宏定义#define CONFIG_USER_DEMO " smoke_test_demo "。

最后，单击 "重新编译" 按钮，重新编译代码，将生成的二进制程序刻录到开发板中。

（1）通过串口调试助手获取设备的 IMEI 号：打开串口调试助手，选择串口端口号，波特率选择 "9600"，将开发板运行模式设置为 AT-PC 模式；打开串口，在 "Send Command" 按钮左侧文本框中输入 "AT+CGSN=1"，查询设备的 IMEI 号（勾选 "Send With Enter" 复选框），之后注册真实设备就采用这个通信模块唯一的串号。

（2）在华为云的物联网平台上添加真实设备：在华为云的物联网平台上依次选择 "产品" → "创建的产品" → "在线调试" 选项，单击 "增加设备" 按钮，将从串口调试助手中得到的串号复制至设备标识码上，并设置设备名称，新增测试设备（二）如图 7-6-16 所示。

图 7-6-16 新增测试设备（二）

（3）智慧烟雾报警系统实验：在博赛智能物联开发实训箱中进行实验，图 7-6-17 所示为本实验使用的终端硬件（二）。其中，编号 1 是 USB 接口，编号 2 是烟雾传感器，编号 3 是 MCU 复位按钮，编号 4 是 NB-IoT 通信模组，编号 5 是蜂鸣器。

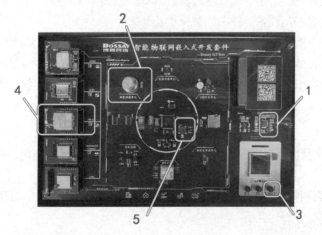

图 7-6-17 本实验使用的终端硬件（二）

（4）华为云物联网平台的命令发送及设备接收：打开华为云的物联网平台，选择"新添加的设备"选项，单击"调试"按钮，将开发板运行模式设置为 AT-MCU 模式，在线调试界面会显示数据上报的烟雾浓度数据，烟雾浓度数据上报调试如图 7-6-18 所示。

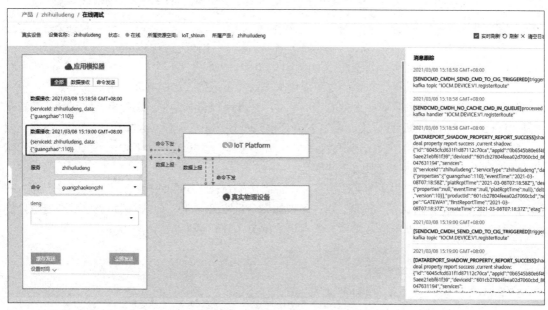

图 7-6-18　烟雾浓度数据上报调试

选择"Smoke_Control_BEEP"命令，选择"ON"时，发送打开蜂鸣器的命令，博赛智能物联开发实训箱上的蜂鸣器能够发出报警声音；选择"OFF"时，发送关闭蜂鸣器的命令，博赛智能物联开发实训箱上的蜂鸣器不能发出报警声音。

（5）规则引擎设置：在华为云的物联网平台上，选择"规则"→"设备联动"选项，添加智慧烟雾报警引擎。

在选择好对应的资源空间后，单击"创建规则"按钮，首先设置规则名称、生效时间等基本信息，然后设置下方的触发条件和执行动作。

设置触发条件，如选择"匹配设备触发"，当案例中的烟雾浓度数据大于设定值时，在"执行动作"下方设置下发命令，指定下发设备进行打开蜂鸣器操作。同理，可以设置当烟雾浓度数据小于某固定值时，指定下发设备进行关闭蜂鸣器操作。

（6）实验验证：在确保安全的情况下，点燃一定量的可燃物，使其产生烟雾并靠近烟雾浓度传感器，当烟雾浓度传感器采集到的数据大于设定值时，通过 NB-IoT 将数据上传至平台，平台将数据与规则匹配，匹配到 Beep-ON 规则，则向设备发送 Beep 打开指令，蜂鸣器报警。

任务实施

1．让学生观看课前预习视频，每位学生提出 3 个问题并回答 3 个问题，积极思考，加强线上互动。

2．通过让学生查阅模数转换资料，分组展示资料收集成果，学习华为精神，实现课程育人目标。

任务评价

任务点	考核点		
	初级	中级	高级
基于 NB-IoT 的智慧烟雾报警系统仿真控制	(1)熟悉通过华为云的物联网平台创建智慧烟雾报警系统产品和开发编解码插件的方法。 (2)熟悉模数转换的基本原理和蜂鸣器驱动程序的编写方法。 (3)熟悉华为云的物联网平台设备的联动方法	(1)掌握通过华为云的物联网平台创建智慧烟雾报警系统产品和开发编解码插件的方法。 (2)掌握模数转换的基本原理和蜂鸣器驱动程序的编写方法。 (3)掌握华为云的物联网平台设备的联动方法	(1)精通通过华为云的物联网平台创建智慧烟雾报警系统产品和开发编解码插件的方法。 (2)精通模数转换的基本原理和蜂鸣器驱动程序的编写方法。 (3)精通华为云的物联网平台设备的联动方法

任务小结

学生通过对本节的学习，能够掌握通过华为云的物联网平台创建智慧烟雾报警系统产品和开发编解码插件的方法，掌握模数转换的基本原理和蜂鸣器驱动程序的编写方法，掌握华为云的物联网平台设备的联动方法。

思考与练习

1．实训箱搭载的烟雾浓度传感器通过_____将烟雾浓度的模拟值转换成数字值。(　　)

A．SPI　　　　　　　　　　　　B．I2C

C．ADC　　　　　　　　　　　　D．DAC

2．简述烟雾浓度传感器的工作原理。

3．描述 ADC 的基本工作原理。

4．根据物联网平台的使用方法，自定义智慧物流的产品模型，设置编解码插件，完成基于 NB-IoT 的智慧物流系统的实验。

答案（部分）

第1章

一、单选题

1. B
2. D

二、多选题

1. BC
2. BCD
3. ABC

三、判断题

1. ×
2. √
3. ×

第2章

一、单选题

1. B
2. C
3. D
4. B
5. B
6. B

二、多选题

1. AC
2. BC
3. AB
4. BCD

三、判断题

1. √

2. ×

第 3 章

一、单选题

1. B
2. D
3. C
4. A
5. A

二、多选题

1. AB
2. ABC
3. BD
4. BD

三、判断题

1. ×
2. √

第 4 章

一、单选题

1. B
2. D
3. D
4. B
5. B
6. B
7. A
8. B

二、多选题

1. ABD
2. CD

三、判断题

1. ×
2. ×

第 5 章

一、单选题

1. B
2. D

3．C

4．A

二、多选题

1．AB

2．BC

3．CB

4．BD

三、判断题

1．×

2．×

第6章

一、单选题

1．B

2．D

3．C

4．A

5．A

二、多选题

1．BC

2．BC

3．BC

4．BD

5．BD

三、判断题

1．×

2．×

第7章

7.1

1．B

2．ABCD

7.2

1．BC

2．C

7.3

1．B

2．BC

7.4

1．ABCD

2．D

7.6

1．C

反侵权盗版声明

电子工业出版社依法对本作品享有专有出版权。任何未经权利人书面许可，复制、销售或通过信息网络传播本作品的行为；歪曲、篡改、剽窃本作品的行为，均违反《中华人民共和国著作权法》，其行为人应承担相应的民事责任和行政责任，构成犯罪的，将被依法追究刑事责任。

为了维护市场秩序，保护权利人的合法权益，我社将依法查处和打击侵权盗版的单位和个人。欢迎社会各界人士积极举报侵权盗版行为，本社将奖励举报有功人员，并保证举报人的信息不被泄露。

举报电话：（010）88254396；（010）88258888

传　　真：（010）88254397

E-mail:　dbqq@phei.com.cn

通信地址：北京市万寿路 173 信箱

　　　　　电子工业出版社总编办公室

邮　　编：100036